纯粹
极致
标志

陈昊　译著

[波多黎各] 克鲁兹·加西亚
[法国] 娜塔莉·弗兰科沃斯基　著

关于建筑纯粹形式的宣言

中国建筑工业出版社

著作权合同登记图字：01-2018-4720号

图书在版编目（CIP）数据

纯粹极致标志 /（波多）克鲁兹·加西亚，（法）娜塔莉·弗兰科沃斯基著；陈昊译著. —北京：中国建筑工业出版社，2020.12

书名原文：Pure Hardcore Icon

ISBN 978-7-112-25547-4

Ⅰ.①纯…　Ⅱ.①克… ②娜… ③陈…　Ⅲ.①建筑设计—研究　Ⅳ.①TU2

中国版本图书馆CIP数据核字（2020）第185887号

责任编辑：滕云飞
责任校对：张　颖

纯粹极致标志
[波多黎各] 克鲁兹·加西亚　[法国] 娜塔莉·弗兰科沃斯基　著
陈昊　译著

中国建筑工业出版社出版、发行（北京海淀三里河路9号）
各地新华书店、建筑书店经销
北京点击世代文化传媒有限公司制版
临西县阅读时光印刷有限公司印刷

开本：787毫米×960毫米　1/20　印张：5　字数：166千字
2021年5月第一版　2021年5月第一次印刷
定价：**55.00**元
ISBN 978-7-112-25547-4
（36489）

目录

中文版序

贝聿铭的巴黎卢浮宫扩建方案在公布之时，曾在法国引起轩然大波，玻璃金字塔是扩建项目的关键所在，但同时也是民众诟病最多的地方。“给死人用的埃及法老的金字塔怎么能放置在巴黎的心脏之中呢？”由此可见，一些特定的建筑形式经过历史的浸泡，已转化为“集体无意识”中的模式原型，在人的内心深处具有某种很难被动摇的，超越时空的力量。这其实也让我们反思一个问题：那就是“形式”的价值是什么?作为现代建筑学中被越来越忽略的部分，“形式”在当代应该为何呢?

杨志疆

建筑学博士
东南大学建筑学院副教授，硕士生导师
艺合境建筑设计事务所主持建筑师

主要从事现代艺术与现代建筑的互动研究，历史环境中的新建筑设计研究，文化商业街区的策划及实践研究，特色田园乡村的更新与乡村空间的重建研究等。曾在《建筑学报》《世界建筑》《新建筑》等期刊发表学术论文20余篇，出版专著《当代艺术视野中的建筑》一书。

个人荣誉有：2008年获江苏省优秀青年建筑师奖，2009年获中国建筑文化研究会中国当代优秀青年建筑师奖，2010年获中国建筑学会第八届全国优秀青年建筑师奖，2018年获亚洲建筑师协会建筑设计金奖。

陈昊的译著《纯粹极致标志》，原作由克鲁兹·加西亚（Cruz Garia）与娜塔莉·弗兰科沃斯基（Nathalie Frankowski）共同完成，探讨的正是上述关于纯粹形式背后的艺术，历史以及哲学的问题。在这本书中，插图占了大部分篇幅，而且是经过作者思考后的以拼贴方式呈现的二次创作。在辅助文字的同时，其作用甚至超越了文字，而画风也颇有当年超级工作室的味道，使人有一种非常想去阅读的快感。同时文字部分也写得深邃有趣，令人深思。

作者在书中旗帜鲜明地探讨了纯粹形式的价值和意义。这里的形式是非常抽象的，它剔除了一切当代建筑学所关注的结构、材料、场地、空间、功能等具体要素，将形式凸显出来。这是一个很新颖的角度，因为建筑学发展到现在，技术、功能、构造、空间等发展到了极致，“形式”似乎就被代替了，当然本质上“形式”是无法被替代的，但现在的设计方法常常不以形式为先导。而本书的有趣之处正如书中所言，恰恰在于“将呈现形式作为论述本身，它更像是一个形式主义者的喃喃自语而不是正统的建筑理论。许多理论热衷讨论事物的本质是什么，而本书通过‘我何以认识事物’来接近本质……”

本书十分推崇至上主义艺术家马列维奇，认为他所创作的诸如“黑色正方形”这样的极致抽象的作品，恰恰“揭示出终极的形而上学的悖论：艺术家的历程愈抽象，其描绘出的物体愈实在”。而方形、圆形、三角形这样一些纯粹几何形应该包含着关于人类和宇宙的所有信息。如同超级工作室的“连续纪念物”，超结构的连续几何体所构筑的乌托邦式的纯粹形式，正是用非物质性的抽象来揭示“建筑设计追求纯粹形式的恒久传统”以及纯粹形式整合这个碎片化世界的能力。

在现在的建筑设计的操作中，场地、功能、空间、材料等诸要素都占有很大的比重，形式要素的作用往往不及它们，这是学科发展的规律，也是资本介入建筑的必然。但就传统建筑而言，无论是西方的古典柱式，还是中国传统的大屋顶，都具有形式优先的主导作用，通过原型的各种变化而形成的传统建筑与城市，因为在视觉和形式上的一致性，从而在美学上具有了高度的统一性。另外，当人们在欣赏建筑时，往往先会被其视觉形象所吸引，而它的结构如何，是如何建造的，它的场地状况是什么等，却未必会有人关心。

这里其实就提出一个问题：形式是否能成为一个自我完整的体系，就如同早期现代艺术中的抽象艺术，艺术只面对艺术自身，而不面对艺术描绘的对象。所以有一种建筑学的研究是否也可以只面对建筑形式自身，即纯粹形式?

该书主要由三个独立的部分构成：纯粹、极致、标志。

第一部分 纯粹 “展现了纯粹形式如何成为建筑的理想模型”，三角形、正方形、圆形以及金字塔、正立方体、球体，这些最具原型价值的几何形体，它们“贯穿了整个建筑史”，是建筑形式最纯粹的基本来源，而当书中将杜雷的牛顿纪念堂，富勒的球形馆、吉萨金字塔、卢浮宫扩建，罗西的摩德纳墓地等这些消解掉时间维度的纯粹形式的建筑并置在一起时，能让我们感受到纯粹形式所具有的生命力及其对时空的适应性，并由此反思形式的意义。

第二部分 极致 讨论“关于近年来建筑生产中最广泛出现的形式类型”，这些形式包括环形、堆砌的盒子、放大的字体、巨型悬挑、水平连接、马列维奇的构成、钟乳石、倒金字塔这八个部分。所有这些形式之所以被冠以“极致”之名，就在于这些建筑形式挑战了我们常规认知的建筑的极限，挑战结构的极限，挑战重力的极限，甚至挑战关于建筑想象力的极限。
例如OMA的中国中央电视台的环形摩天楼，就突破和超出了人们对于传统高层建筑的理解和想象，这一形式虽然引起颇多争议，却有类型学上的贡献。在这里“形式追随功能”或者“功能追随形式”最终转变为“形式追随形式”。文中的八个部分以及相关的建筑案例，都是一些超级极致形式的样板。除了环形摩天楼，BIG位于布拉格的W大厦是典型的字母建筑，霍尔在北京的MOMA可以将数十栋摩天楼在空中连起来，另外如钟乳石般的高层摩天楼，倒金字塔形的建筑等都已经在认知层面解构了我们对于建筑的理解。

第三部分 标志 讨论当代建筑形式对早期先锋派的乌托邦式建筑的重新演绎。在西方现代艺术运动的初期，以未来派和俄罗斯构成派为代表的艺术家们，曾经狂热地讴歌现代科学技术的进步。桑·伊利亚的“梯度建筑”，契尔尼科夫的乌托邦式的建筑绘画，都试图在建筑形式上创造独一无二的具有意识形态倾向的标志物。在他们的画作中曾反复出现拉索、大悬挑、钢桁架等符号，建筑仿佛可以“划破苍穹”，征服太阳，征服天空。甚至柯布西耶的“苏维埃宫”的方案都会出现巨大的悬索桥形式。
这些先锋派绘画的形式语言在建筑史的形式演变中曾经反复出现，直至今日也在不断显现，只不过它们已是对于过期于几十年前意识形态的假体附庸，它们凭借大胆的形体，标志性的呈现，以及对历史上意识形态的参考，吸引着闪光灯，并赢得了评论家的赞扬。这些空间人造物被各种摄影、印刷、博客、讨论、奖项所耗尽，它们由革命标志物变质成为建筑大众媒体上的“漂亮面孔”。

阅读这本书让我想到了张永和提出的一个观点，他认为当下设计研究的缺位，是在于我们缺少对“纯粹建筑”的研究，就像数学中的纯粹（理论）数学一样，我们应该专门来做“建筑设计”研究，使得它暂时可以不用考虑社会条件的约束。克里尔也曾发表过类似观点，他说“一个真正的建筑师，是不能盖房子的”。他的意思并不是反对建造的真实性和实践性，他只是觉得市场需求、资本的力量，种种现实因素的制约和束缚，会使建筑师丧失理想，而那不是真正的建筑。海杜克建成的作品很少，但他通过装置、绘画、文本等对于建筑的研究却深深影响了受教于他的很多建筑师。所以说“纯粹建筑”的研究其实恰恰是学科发展的动力之一，并最终会影响真正的设计实践。

因此这本书在某种程度上就是一种纯粹建筑的研究，形式的纯粹、形式的极致、形式的标志。形式来源于实际的建造，形式也来源于各种乌托邦式的幻想。形式只有先屏蔽具体的建造，或许才能讨论其进化的路径。而这种抽象也才能具有哲学上的高度和意义。它其实不是我们常说的 “就形式论形式”，而是赋予形式以新的价值。蔡国强在论及形式问题时曾说：“今天的中国艺术缺乏形式主义，常担心形式大于内容，其实形式本身就可以是内容，也可以先是形式的发现和探索，延伸出理念、态度，甚至内容和意义”。这或许也是对这本小书最好的注脚。

杨 志 疆

2019/05/28

与译者的访谈

《纯粹极致标志》写作和设计于北京，原文用英语书写。2013年首版于英国，曾被翻译为德语、西班牙语。首版6年后，此书回到了其概念与议题的发源地——中国。中文版经过内容增补并重新编排，再一次阐释了建筑为何对形式如此痴迷。译者以自问自答的形式对本书进行了评论与反思。

陈昊

本书译者，HCCH STUDIO主持建筑师、业余策展人。同济大学建筑系学士、硕士；哈佛大学设计学院城市设计与建筑学硕士。曾工作于EMBT（上海）、OMA（纽约）、大舍建筑（上海）。个人作品曾参展于ASLA年度展，香港中文大学，北京设计周，上海城市空间艺术季。

■

●

◀

Q：这个时代已经对形式感到厌倦，那么我这篇评论该如何写呢？[1]

A：也许只能与自己对话，形成这篇访谈。

Q：对于极致主义来说，场所的意义是什么？

A：卡尔·安德烈（Carl Andre）在1970年一段电台采访中认为艺术可分为三个阶段：第一个阶段人们感兴趣的是巴托迪在工作室制作的自由女神像的青铜外壳。第二个阶段的艺术家对支撑的内部结构感兴趣。第三个阶段的艺术家则对白德路岛（即自由女神像所在的岛）感兴趣。[2]就像本书的拼贴所表现的那样，极致主义无视第二阶段，模糊了第三阶段。结构可以被立面和装修包裹，方案也可以在不同场地移植。我们一边歌颂着能达到第二第三阶段的作品，一边大量生产和消费着第一阶段的房子。

对场地的轻慢常被批评为极致主义建筑的缺陷，这或许是消极的说法。从积极的角度来说，场所其实是可以被商品化的极致主义建筑再造的，这个过程也许是破坏，但有时也是创造。毕竟不是每个场地都有值得怀旧的美好特征，而原本的岛屿和它的故事也终究是要被重写覆盖的。

Q：极致主义是否是个过时的风格与话题？本书的归纳是否片面武断？

A：对于当下，它可能有些过时了。但在明天又可能变成一个流行语甚至批判性词汇。不只是某个形式本身，甚至是否抵抗形式这一立场也是种潮流。

作者写此书时形式主义方兴未艾；而中文版付梓之时，这波浪潮又似悄然消退。一度痴迷于拥塞文化和夸张外部形式的建筑（也是此书试图总结的方面）现在又开始逐渐退回到类似“新艺术”的阶段，设计师愈发陶醉于“完全设计”生产—消费的完美循环中。高档建筑师一方面试图在潮流中冲浪（做出更精致高雅的内部设计），一方面又试图以抵抗与回溯表现出建筑学上的优越感（回归人类学与建构）。不管站在哪个角色，设计终究需要由趣味相投的赞助人将其再度包装并呈现给消费者。与其去判断此书的归纳是否足够当下或全面，不如把它看成作者在特定阶段对极致主义的短暂记录。

谁知道下一波浪潮又会何时来临呢？大家都是冲浪者。

1
雷姆·库哈斯（Rem Koolhaas）在《癫狂的纽约》开篇写道：“这个时代已经对宣言感到厌倦，那么我这篇宣言该如何写呢？”

2
哈尔·福斯特（Hal Foster）在《设计之罪》中转写了1970年3月，卡尔·安德烈在纽约WBAI-FM电台的采访。（美）哈尔·福斯特. 设计之罪 [M].济南：山东画报出版社，2013：47.

1

2

3

马奈《草地上的午餐》（《Le déjeuner sur l'herbe》）（图1）与15世纪提香《田园合奏》（《Le Concert Champêtre》）（图2），两幅画中一丝不挂的女子与衣冠楚楚的男士，从人物设定到服饰都相当相似。

在构图上，马奈几乎沿用了拉斐尔《帕里斯的审判》（《Le Jugement de Pâris》）（图3）右下角三个人物的姿势，背景将神话场景转化成通俗的假日画面。

Q：纯粹形式有何实际用途？

A：纯粹形式最大的用途或许在于为当下的设计提供残存的记忆和自我说服的说辞。在转译恰当的时候，这种引用就显得具有修养又不乏新意。就像马奈草地上的午餐以传统构图描绘现代生活、贝聿铭卢浮宫的玻璃入口对金字塔的致敬、安藤忠雄的南岳山光明寺看似斗栱又非斗栱的木构。我们经常批判或反感的是过度引用和缺乏建构逻辑的外壳。只是创作中的引用终究无法避免，而缺乏内在也不只是极致主义建筑的问题。

Q：重复引用应该被批判吗？

A：本雅明认为机械复制撕裂了传统，消融了它的光环。从另一个角度说，引用与复制不但侵蚀了原创性，还能定位甚至构建了原创性。某个形式通过复制才得以成为纯粹形式，并由更多的一系列复制品巩固了关于它的记忆与理论。

Q：为什么会想翻译此书？它哪方面吸引了你？

A：此书的有趣之处在于将呈现形式作为论述本身，它更像是一个形式主义者的喃喃自语而不是正统的建筑理论。许多理论热衷讨论事物的本质是什么，而本书通过“我何以认识事物”来接近本质。前者通过内容，后者通过形式。这种认识论的迂回大大拓展了讨论的边界。通过图像将不可能的建筑组合到了不可能的场地，在画面内容之余，通过画面的组织编排挑战了场所、系列性、机械复制等多重命题。书籍的形式就是内容的一部分，这跟极致主义是同一的。

理解

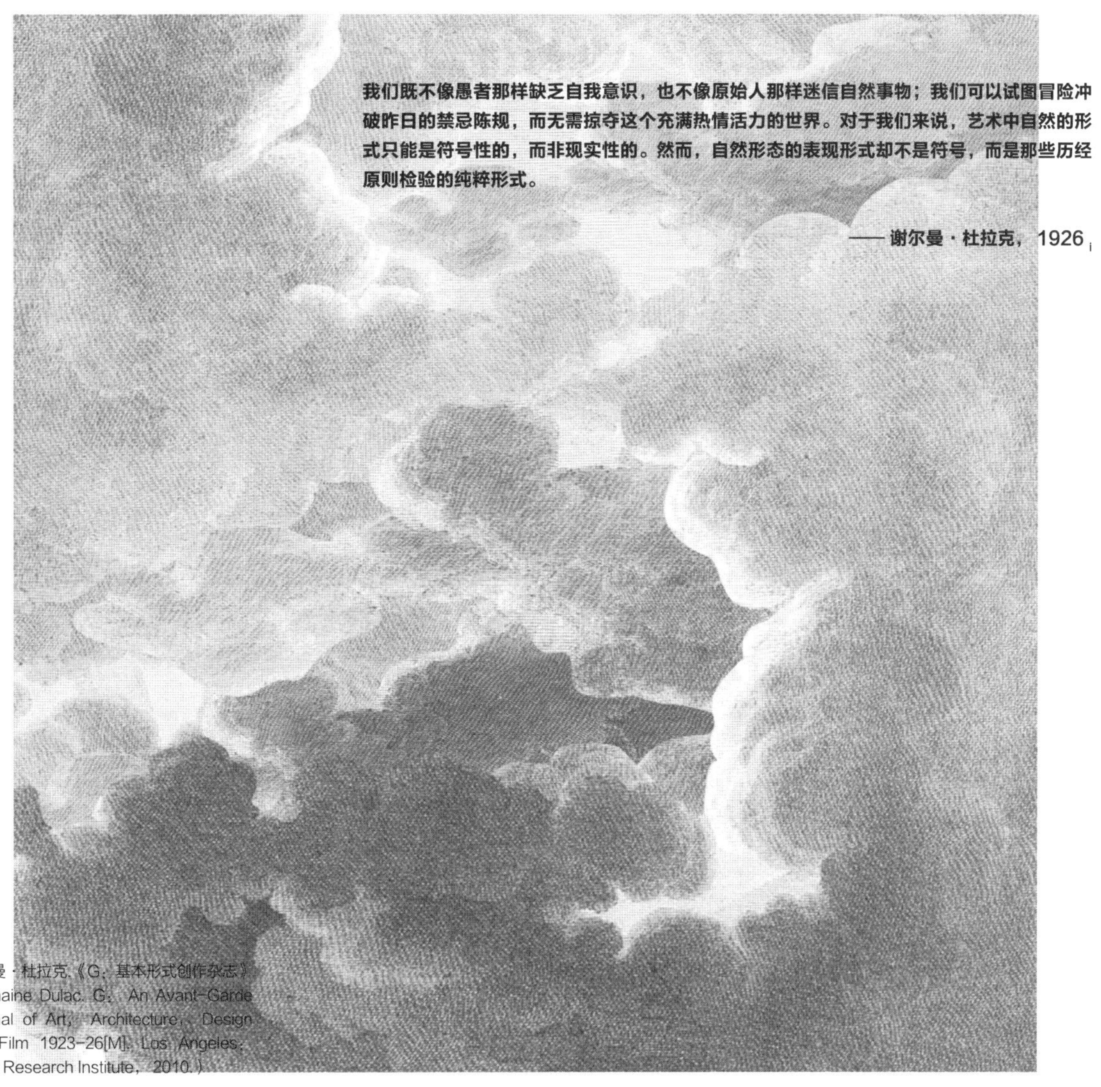

我们既不像愚者那样缺乏自我意识，也不像原始人那样迷信自然事物；我们可以试图冒险冲破昨日的禁忌陈规，而无需掠夺这个充满热情活力的世界。对于我们来说，艺术中自然的形式只能是符号性的，而非现实性的。然而，自然形态的表现形式却不是符号，而是那些历经原则检验的纯粹形式。

——**谢尔曼·杜拉克，**1926 [i]

i
谢尔曼·杜拉克.《G：基本形式创作杂志》(Germaine Dulac. G：An Avant-Garde Journal of Art，Architecture，Design and Film 1923-26[M]. Los Angeles：Getty Research Institute，2010.)

理解纯粹极致标志

何不来一段介绍?

标志，已成为建筑的终极通属形式。

在技术与大众媒体的共同催化下，纪念性与“签名化”的建筑被前所未有地大量生产和广泛传播。全世界设计学院的课桌、计算机屏幕、杂志被各式各样的纯粹建筑洪流所淹没。无论是浇筑的混凝土还是虚拟的数字建筑，过剩的形式以泡沫切割机或3D打印的速度被飞速生产。矛盾的是，宣言，作为最直接有力表达建筑意图的工具，却被这突如其来的标志性建筑浪潮所掩埋，而走向消亡。

自罗伯特·文丘里（Robert Venturi）的《建筑的矛盾性与复杂性》（1966）被奉为最后伟大的建筑叙事之后，建筑理论一直未能对频繁出现的雷同标志物做出合理解释。这些理论或是把标志性建筑定义为当代城市中不可预测的副产品，或是将其归纳为可疑、短暂、投机地摇摆于所谓绿色设计和参数化技术革命等潮流之间的结果。[1]

然而，这些源于建筑外部条件的模糊解释是否足以阐明为何众多标志建筑在形式上如此相似呢？CCTV大楼与马克斯·莱因哈特大楼（Max Reinhardt Haus）的相似性仅仅是一种巧合吗？福斯特（Foster+Partners）的和平与复合之宫、富勒（Buckminster Fuller）的正四面体城市、吉萨金字塔，三者之间是否暗藏着某种联系？既然形式上的连续性似乎已暗示着新的建筑本体论的某种可能，那为何我们不曾试图去建立一个阐释并关联起这些建筑的理论呢?

为何不试图去理解并揭开隐匿的形式之谜呢?

1
罗伯特·文丘里《建筑的矛盾性与复杂性》被奉为最后伟大的建筑叙事。当下的世界是否准备好了对建筑新的叙事和解读?
（ROBERT VENTURI. Complexity and Contradication in Architecture [M]. New York：Museum of Modern Art Papers on Architecture，1966.）

■

●

◀

图：

如同《比利牛斯山脉的城堡》*，纯粹形式是关于建筑集体无意识的超现实宣言。

*《比利牛斯山脉的城堡》是比利时画家吉兰 · 马格利特（Rene　Margritte）于1959年创作的超现实油画作品。

宣言

不是所有建筑都沉迷于形式，但如果它是，以下即是它的宣言。

为了避免断言形式与建筑之间新的共生关系，或号称所有的当代建筑都痴迷于金字塔或环形摩天楼，这本手册将目标指向一系列特定的、明显由形态主导的建筑。如同现代主义的五项原则，如同后现代主义崇拜效仿建筑矛盾性与复杂性，本手册主要指向那些受视觉体系支配的形式主义建筑。

这是一部关于建筑与形式的宣言，一部关于纯粹极致标志的宣言。

原型

荣格（Carl Jung）将原型定义成包含于“集体无意识”中的模式力量。这种意象深植于人类心灵、与生俱来、不受制于时空，可以说是最古老、最普遍的人类思维形式。[2,3] 纯粹极致标志的涌现源于这些意象的建筑化。

基于极致主义的原则——建筑作为极致纯粹的几何形式，《纯粹极致标志》借鉴卡兹米尔·马列维奇（Kazimir Malevich）深度观察现代艺术的方式，探讨建筑中深层的“集体无意识”。从人类文明伊始，几何形式就被作为童话、神话、宗教等视觉表现的一部分。如同马列维奇的《非客观的世界》（1927）作为艺术纯粹形式的首部宣言，《纯粹极致标志》旨在为建筑设计追求纯粹形式的恒久传统提供理论框架。

《纯粹极致标志》既回溯过去又投射未来，其理论既适用于古往今来的建筑，也预示着未来建筑与纯粹形式之间的辩证关系。《纯粹极致标志》是一部关于立方体与球体、金字塔与环形摩天楼、水平压缩器和堆叠盒子的、穆纳里*（Munari）式的探索。

《纯粹极致标志》并非暗示自治物体的创作是产生建筑的唯一途径，而是将建筑形式这一长久以来建筑学讨论中的禁忌话题摆到了理论的前沿。《纯粹极致标志》探讨的是看待建筑形式的可能角度，即使从正统视角来看它或许略显肤浅。但它挖开了层层历史记忆，揭示建筑深处的集体无意识。

三联画

形式是建筑沟通的语言之一，这本册子是解读这种语言的字典。

纯粹极致标志主要包含了WAI建筑智囊团的论文、宣言，以及图像叙事；对弗朗索瓦·布兰茨阿克（François Blanciak）（《无场所性：1001种建筑形式》的作者）[4] 的采访；以及与中国知名建筑师、学者柳亦春的对谈。

2

“相对肤浅的无意识无疑是个人化的。我称其为个人无意识。然而这种个人无意识建立在更深层面上，并非由个体经验产生，也无法被获得，而是与生俱来的。这种深层次的无意识我将其称为集体无意识。我选择‘集体’这个词是因为这部分无意识不是个体的而是普遍的……”卡尔·荣格《原型与集体无意识》。（CARL G. JUNG. *The Archetypes and the Collective Unconscious* [M]. Princeton：Princeton University Press，1990.）

3

“荣格在之后的写作中发展出的结论是，有一种模式力量根植于人类精神之中，当它们互相交汇，就会常常激起一组组相似的幻想。”（CARL G. JUNG. *The Portable Jung* [M]. New York：Penguin Books，1976.）

4

弗朗索瓦·布兰茨阿克《无场所：1001建筑形式》。（FRANÇOIS BLANCIAK. *1001 Building Forms* [M]. Cambridge：MIT Press，2008.）

■

●

◀

图：
* 布鲁诺·穆纳里（Bruno Munari）的圆形（1964）、方形（1960）、三角形（1976）通过图像印证了荣格的集体无意识原型理论。纯粹极致标志试图通过建筑表达相似的观点。

如书名所暗示，《纯粹极致标志》是一部概念的三联画[5]，由三个相对独立的部分构成，每个部分都混合了文字与重组的图像。

纯粹

第一部分，纯粹极致，展现了纯粹形式如何成为建筑的理想模型。作为第一部关于纯粹几何形状的宣言，它展现了金字塔、正方体和球体如何贯穿了整个建筑史。

极致

第二部分，当代极致建筑的形状，是关于近年来建筑生产中最广泛出现的形式类型的本体论，通过刺激性的拼贴诠释极致的含义。它们是当代建筑对形态极度迷恋的“证据”。

标志

第三部分，后意识形态（明信片式）标志，展示了三张充满对比的图景：一边是先锋派充满哲学象征主义的标志性建筑，一边是当代建筑对前者的重新演绎。它们揭示出建筑形式的象征力量，以及形式与意识形态之间持续存在的相关性。

5

三联画（来自希腊语形容词τρίπτυχος，意味“三折的”）是画作（常为板面油画）的一种类型，是多联画的一种，分为三个部分。一般正中的那一幅最大，也有三幅作品大小相同的画作。

纯粹

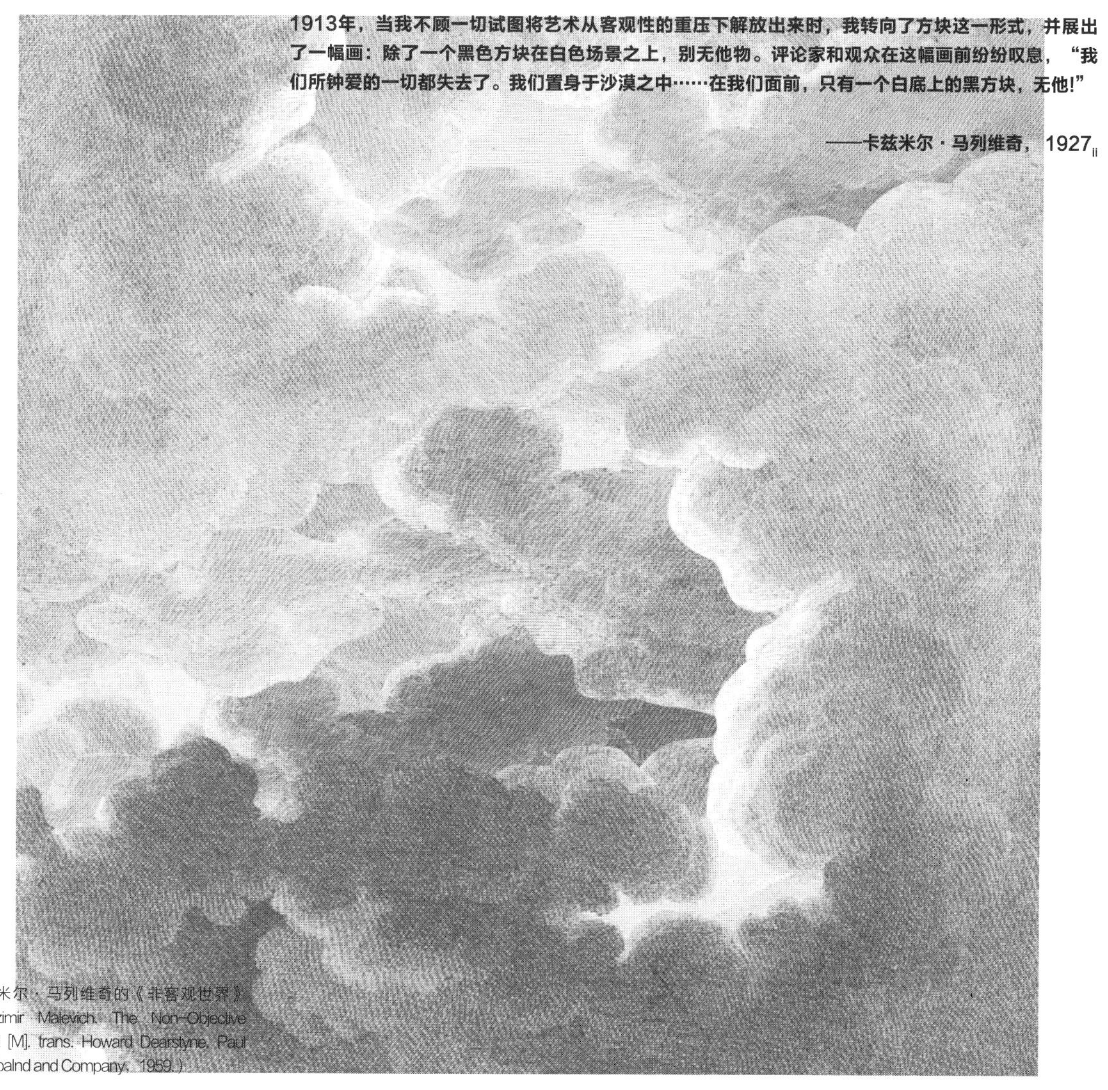

1913年，当我不顾一切试图将艺术从客观性的重压下解放出来时，我转向了方块这一形式，并展出了一幅画：除了一个黑色方块在白色场景之上，别无他物。评论家和观众在这幅画前纷纷叹息，“我们所钟爱的一切都失去了。我们置身于沙漠之中……在我们面前，只有一个白底上的黑方块，无他!”

——卡兹米尔·马列维奇，1927[ii]

ii
卡兹米尔·马列维奇的《非客观世界》（Kazimir Malevich. The Non-Objective World [M]. trans. Howard Dearstyne. Paul Theobalnd and Company，1959.）

什么是纯粹形式的宣言？

宣言

在建筑的王国中，形状至高无上。数百年来人们对超验建筑的持续求索印证了纯粹形式是终极的美学乌托邦。极致主义是关于建筑作为纯粹几何形状的理论，是第一部无尽的建筑宣言。它宣告了一种形象已知的建筑。极致主义，是形状的意识形态化，是意识形态的有形化。[1]

自从标志物与纪念性尺度被联系到一起，建筑师就一直在寻找纯粹形状。形式既不是新近的迷恋，也不是古老的问题。纯粹形状是无尽的困扰；是柏拉图式的迷恋；是反复出现的主题。纯粹形状体现了人类的终极渴望。形式即是神殿，几何体即是信仰。

极致主义是不加隐藏的纯粹形式。它直截了当、明确、坦诚。它展示其本身，表象与表意统一。没有装饰、没有罪恶、没有结构、没有干扰、没有功能、没有借口、没有辩证法、没有使用评估、没有帽子戏法、没有图解。极致主义是荣格思想的化身，是根深蒂固于集体无意识中的纯粹意象。极致主义是为摄影、为令人印象深刻、为模型制作而创作的建筑。极致主义是断然的还原论者，是作为建筑的建筑。

卡兹米尔·马列维奇是第一位极致主义艺术家。通过《黑色正方形》《黑圆圈》《黑十字》（最后一道意识形态的障碍？），他揭示了终极的形而上悖论：艺术家的历程愈抽象，其描绘出的物体则愈实在，从而更接近极致。[2] 至上主义的最高表达在于，以非物质性创造出崇高，通过图形表达出不可名状。这种行为本身体现了艺术的终极高度。至上主义是艺术的极致主义。

1
极致的概念源自于将建筑看作“绝对”、“最纯粹和最基本”几何形式的理念。韦氏词典将“极致”定义为“某种以最纯粹或最基本为特点的事物”。（“hard-core”，Merriam-Webster.com，2010，http：//www.merriam-webster.comwww.merriam-webster.com，26 June 2010. See Also “hard-core”，Websters New World Dictionary and Thesaurus，Michael Agnes ed.，New York：MacMillan，1996.）

2
马列维奇至上主义的纯粹形状是否是艺术中的极致主义呢?

■
●
◀

* 仙厓義梵，（1750 - 1837年），日本江户时代的画家与书法家。他11岁成为临济禅僧人。在其后76年的生命中，他投身于绘画与书法。仙厓義梵的作品题材多样，从佛教肖像到风景、植物、动物等皆有涉猎。这些作品由水墨绘成，笔触敏锐自然，并有强烈的幽默感。他最著名作品之一是以圆形、三角形以及正方形为题材创作的。

图：
仙厓義梵*“方形、三角、圆”，19世纪；

瓦尔特·德·玛利亚（Walter de Maria）“三角、圆、方形”，1972；

加西亚·弗兰科沃夫斯基“极致三联画：黑方块、黑三角、黑圆形”，2012；

以上是否印证了极致主义是艺术中反复重现的主题?

理论

一直以来，我们无法通过整体的历史视角认识建筑形式主义，这阻碍了我们认识到极致主义其实是种设计理论。“偶发的巧合”这个错误的标签模糊了实际上无处不在的宣言。极致主义被不诚实的社会学解释、多彩的图解、伪科学图表歪曲了永恒的轮廓。

极致主义是对形状客观化的呼唤。它寻求对最古老建筑“传统”的认识。一种无处落地的地域性。没有评论家的批判性。极致主义体现了建筑存在的最基本可能：建筑作为形式。它挑战着实用主义和风格；它无色且平等；它面向过去、当代和未来。它代表着终极的建筑强硬派：形式即是本质，本质即是形式。

极致主义是完美的设计策略。它是介于最初概念与无争议结果间的顿悟。极致主义是概念建筑中的尸僵：坚硬、不可动摇、严苛、不灵活。它既是纯粹的概念又在摒弃概念。极致主义是废除其他一切概念的概念。

极致主义理论消解了雷姆·库哈斯“大”的理论。与尺度无关，建筑永远能通过单一的建筑姿态来控制。[3] 如果说大是终极的建筑，那么极致则是终极的大。极致主义大过任何尺度。

功能

极致主义像是建筑的黑洞：无处不在、一刻不停地吸收着各式各样的功能。坟墓、宫殿、纪念碑、废墟、游乐场、宗教标志、商场、军事基地、生态屏障、政治纪念物、公共集群、住宅、城市；极致主义随着现代主义功能自发地更新。球体、金字塔、立方体，极致主义的形式表现有多固定，其使用功能就有多灵活。极致主义是迪士尼遇见埃及法老，遇见艾蒂安·路易·布雷（Etienne-Louiss Boullée），遇见让·努维尔（Jean Nouvel），遇见乔治·卢卡斯（George Lucas）。

理解极致主义的理论需要修正一些神圣的建筑预设，并加入一系列新的观念：

1.空间是无关的

在极致主义中，建筑并非由空间的内部决定，而由空间的外壳决定。建筑形状是首要的概念，空间成为剩余。极致主义中唯一永远存在的空间在于建筑能够被多远辨识出来的距离。

2.图像即是一切

由于形式如此重要，极致主义成为第一座窥探式建筑。在极致主义中，建筑的整体形象决定了它的存在。

3

库哈斯说：超越了某个体量阈值，建筑就成了大建筑。这种体量无法再被单一的建筑姿态所控制，甚至多种姿态的混合也不再可能。这种不可能性触发了建筑各个部分的自主性，又不同于碎片化：每个部分仍然从属于整体。

引自《大，和大的问题》，雷姆·库哈斯，布鲁斯·毛所著《小，中，大，特大》一书（REM KOOLHAAS, Bruce Mau. “Bigness and the Problem of Large”, *S, M, L, XL* [M]. ed., Jennifer Sigler. New York: Monacelli Press, 1995, pp. 494-516.）

■

●

◀

3.形式是绝对的

既然在极致主义的范畴下唯一重要的只有形状，那么在功能、尺度和场地等问题上，建筑就变得毫无差别了。没有绝对的形式，就没有极致主义。

4.建筑是非物质的

当建筑达到极致主义阶段，其存在开始脱离物质性。极致主义的建筑是聚苯乙烯泡沫、塑料、树脂、石头、混凝土、木头、钢、玻璃、卡板、纸、木炭、黏土、有机玻璃。

政治性

极致主义无关任何意识形态，因而可成为政治标志性的理想诱饵。它的形式既诚实又多变：由于它不能变成其他任何东西，所以它总能被解释成某样东西。一直以来，极致主义既是法西斯主义的也是民主主义的，既是暴政的也是民粹的，既是资本主义的也是社会主义的，既是商业的也是精神的，既是生态的也是破坏性的。它既可以是历史书本上的领导者，也可以是科幻电影中的反派。它可以体现人类所有最美好和最残暴的品性。极致主义是不会终止的现代主义，一种永恒的经典，一种持续的悲剧。极致主义是建筑的创新达到其顶峰，并将在那里永续。

不受社会、政治和经济影响，极致主义体现出建筑纯粹的自治性，极致主义的出现抹除了著作权的必要性。极致主义将建筑从建筑师手中没收。它宣布作者已被删除，梦想家不复存在。它是后建筑师的建筑。极致主义是完美无瑕的建筑概念，无需灵感的创造。建筑是人造物。极致主义重新书写圣经。在第七日，极致主义被创造了。

套语

极致主义将建筑缩减到其可能存在的最小状态，变成原子化的建筑。其炫耀的存在使大多数神圣的教条黯然失色。极致主义废除“主义”又恰恰是最“主义”的。它把建筑剥个精光。它体现了风格的清除和细部的终结。极致主义是建筑中的后密斯。上帝在于形状。

极致主义就像循环轨道上的火车：无论周围的风景如何变幻，它终将无可避免回到起点。极致主义是永恒的求索，同时体现着建筑史的出生与死亡。作为认识论的余波，极致主义理论暗示着建筑在相同外表下的循环往复。

极致主义是建筑终极的正统信仰。极致主义意味着无需思考。[4] 极致主义是建筑上的无意识，是后人类的事业。没有地域性。没有现象学。极致主义既无处不在，又无处可寻。

4
极致主义暗示将建筑缩减到其最基本的形式，而至上主义在艺术领域表现出相似的抽象化。乔治 · 奥威尔（George Orwell）的《1984》将新话设定为最小化的语言。经由这一工具，思想被所谓的正统观念取代。赛麦（专长新话的语言学家）和温斯顿（主角）的对话揭示了新话的终极目的。当语言被剥到赤裸裸的最少状态：“整个思想的模式都会转变。但事实上根据现时对‘思想’的定义，到那时已经没有思想。正统不是思想，而是不需要思想。正统是无意识的条件反射。”（GEORGE ORWEL. 1984 [M]. New York：Signet Classics，1950：53.）

图：
20世纪的图景痴迷于大建筑，极致主义的大。

它是永恒的时代精神。极致主义是建筑静止的状态。它是城市中、沙漠中、海洋中、天空中的标志物。如同至上主义绘画，当世界被减缩到只剩纯粹形式，极致主义是唯一留下的东西。极致主义是权势者的标语，是颠覆者的回响：“表面之下，唯有形状 。”

纯粹极致 1号

■ 图拉真亭
菲莱岛，98—117年

● 牛顿纪念堂
艾蒂安-路易 · 布雷（Étienne-Louis Boullée），理想城市，1785年

▲ 库非尔金字塔
第四王朝，吉萨，公元前 2694—公元前 2563年

宇宙是球形的。所有和中心的距离相等的点都拥有同样的存在方式，因为中点和它们的距离相同；对各点来说，中心是对立点。

对于土，我们把立方体给它。土在四种元素中的惰性最大、可塑性也最大。符合如此本性的当然是拥有最稳固平面的立体。

这样，根据严格推理和相似解释，在我们所建构的立体中，我们把四面体归为火元素或火种子，第二个立体归为气元素，第三个立体归为水元素。

——柏拉图[5]

5
柏拉图.《蒂迈欧篇》.
（PLATO. Timaeus [M]. trans. Benjamin Jowett. Gloucestershire：Echo Library， 2006.）

纯粹极致 2号

■ 意大利文化宫
乔瓦尼 · 盖里尼（Giovanni Guerrini）、拉帕杜拉（La Padula）、罗曼诺（Romano），罗马，1942年

● 农场守卫之屋
克劳德 · 尼古拉斯 · 勒杜（Claude-Nicolas Ledoux），理想城市，1789年

▲ 塞斯提伍斯金字塔
乔瓦尼 · 巴蒂斯塔 · 皮拉内西（Giovanni Battista Piranesi），罗马，1747年

正方形不是潜意识的形式。它产生于直觉。它是新艺术的脸孔，是活灵活现、气宇非凡的婴儿，是艺术走向纯粹创作的第一步。在此之前，只有幼稚的扭曲和对自然的复制。我们面对的艺术世界是新的、非客观的、纯粹的。所有一切都已消失，只留下物质体量并由此建立出新的形式。在至上主义艺术中，形式将活下去，如同自然界中一切的生存形式。

——卡兹米尔 · 马列维奇[6]

6
卡兹米尔 · 马列维奇《至上主义宣言 1916》.（KAZIMIR MALEVICH. Suprematist Manifesto（1916）[M]. John E. Bowlt trans，in AlexDanchev，ed.，100 Artists' Manifestos：From the Futurists to the Stuckists，London：Penguin Books，2011：122.）

■
●
◀

纯粹极致 3号

■ 摩德纳墓地
阿尔多 · 罗西（Aldo Rossi），摩德纳，1971年

● 太空船地球
迪士尼幻想工程设计，奥兰多，1983年

▲ 和平与复合之殿
福斯特及合伙人建筑事务所，2006年

我们的眼睛是生来观看光线下的各种形式的。基本的形式是美的形式，因为它们可以被辨认得一清二楚。现在的建筑师已经无法再制造这些简单的形式了。工程师依靠计算运用几何形式，他们用几何满足我们的眼，用数学满足我们的心；他们的作品正走在通向伟大艺术的道路上。

——勒 · 柯布西耶[7]

7
勒 · 柯布西耶《走向新建筑》.（Le Corbusier. *Toward an Architecture* [M]. intro，Jean-Louis Cohen，trans. John Goodman. Los Angeles：Getty Research Institute，2007：85.）

纯粹极致 4号

■ 管理与设计学院
SANAA建筑事务所，埃森，1971年

● RAK 会展中心
迪士尼幻想工程设计，奥兰多，1983年

▲ 巴黎三角大厦
赫尔佐格与德梅隆，巴黎，2008年

如同一个伸展手臂站立的人一样宽广高大，从最初的书写和最早的石刻伊始，正方形就代表着围合、房屋、村庄。

如果说正方形与人和他的作品、与建筑、与和谐的结构、与写作等密切相关，那么圆形就与神圣相关。圆形一直并仍然代表着永恒，没有起始没有终结。古老的文字说道：上帝是一个圆，他的中心无处不在，他的边界无迹可寻。

——布鲁诺 · 穆纳里[8]

8
布鲁诺 · 穆纳里《设计作为艺术》.（Bruno Munari. *Design as Art* [M]. trans. Patrick Creagh. London：Penguin Books，2008.）

极致

我的论点如下：除了我们个体与生俱来的直接意识（我们通常认为它是个体经验心灵的唯一来源，即使个人无意识也算是种附加来源），还存在第二种具有集体、普遍、客观本质的心理系统，这种共性体现在每个个体身上。集体无意识并非由个体发展而来，而是继承而来。它包括早先存在的形式、原型，之后通过意识体现出来，并给特定的心理内容赋予明确的形状。

——卡尔·荣格，1959 [iii]

iii
卡尔·荣格.《原型与集体无意识》.（CARL JUNG. The Archetypes and the Collective Unconscious [M]. trans. R.F.C. Hull. New York：Bollinghen / Princeton，1959.）

极致建筑的当代形状

什么是当代建筑形状的认识论?

现代主义

现代建筑曾是时髦的宣言。尽管在意识形态上，现代主义运动被包装成当时社会意识形态和城市重建的迫切需要，但不可否认，其本质主要源于美学观念。

所有一切都是。从白色别墅“洁净”的表象，到玻璃、钢、混凝土等革命性的材料，到以网格控制的城市布局，都是潮流，如同风格的束身衣；不计其数的宣言为它辩护，并预言现代主义时代精神应被如何描绘。

现代主义试图成为时尚的炼金术，它试图将乐观主义、理性主义、笛卡尔主义提炼成建筑风格，将美学变成一种科学。

风格

阿道夫 · 卢斯（Adolf Loos）和勒 · 柯布西耶在20世纪初以不同的方式为现代主义铺平道路。前者通过避免误入早先装饰风格的歧途，后者通过追随五项原则。

卢斯于1908年出版的《装饰与罪恶》，是呼吁停止使用与生产装饰的请愿书，提倡通过清除装饰来确立新世纪的“理性”设计。

30年后，柯布西耶在现代建筑年鉴中提出了五项原则：底层架空、屋顶花园、自由平面、横向长窗、自由立面，它们成为剖析现代主义建筑最重要的五个器官。

通过勾勒两条通往现代主义的不同路径，不难看出，不管是装饰与罪恶还是五项原则，都清楚地表明了：现代主义首先是一种风格，而不是其他。

计划

与现代主义教条完全相反的是，迄今为止当代建筑一直拒绝被分类。除了它史无前例的生产规模（无论虚拟还是实际），建筑一直以抽象的术语或误导性的解释被讨论着。

当代建筑的悖论在于，尽管它们并没有什么书面宣言，但它们确实有共享的视觉语汇，一种不言自明的通用脚本。

图：
艾森曼的马克斯·莱因哈特大楼与密斯的玻璃大楼面对面，预示着即将到来的新建筑。中央电视台大楼是前者形式冒险与后者透明野心的混合。

1
PETER EISENMAN.（K）nowhere to fold，Anywhere [M]. ed. Cynthia Davidson. New York：Rizolli，1992，218-235.

进步

1992年彼得·艾森曼（Peter Eisenman）在一群无比严肃的建筑师、城市学家、批评家面前展示了“进行中的项目”——一座环形大楼——将被嫁接到柏林马克斯·莱茵哈特剧院的旧址上，它的对面是密斯知名的未实现的玻璃塔楼。[1]

展示结束后，听众雷姆·库哈斯发言认为，这个建筑形态极其优美，但艾森曼对方案的解释不令人信服。在进一步交流之后，争论的结果变成，“既然项目还在进行中，大家应该关注图像本身，而非关注对于图像的解释”。

十年之后，库哈斯在北京展示了中央电视台总部大楼竞赛方案。尽管这个中标方案没有马克斯·莱因哈特大楼立面的褶皱形式，北京也完全不同于柏林，但建筑图像本身说明了一个不争的事实——央视总部大楼不过是又一座环形大楼。

循环

在《癫狂的纽约》一书中，库哈斯将柯布西耶的操作比作戏法，在他的黑丝绒袋子里美国摩天楼消失了，拔出来的是个“笛卡尔兔子”：水平摩天楼。[2] 那么，库哈斯的央视大楼是否是对自己“癫狂的魔法”的禁锢？还是说这些摩天楼的故事是关于当代建筑形式循环冗余的寓言？

2004年，OMA大都会建筑事务所在其出版的《通用现代化专利》中声称：环形摩天楼是由他们“发明”的，似乎忘记了艾森曼早在十年前就提出过相似的形态。[3] 还是说这本专利就是个恶作剧呢？它尖刻讽刺地概括了当代建筑的一个事实——建筑形式不能被“创造”，而只能被“分享”？[4]

极致

马克斯·莱茵哈特剧院和中央电视台总部大楼两个版本的环形摩天楼标志着两方面的突破。一方面是摩天楼设计在类型上的创新，另一方面印证了当代建筑的极致主义早已不限于最基本的几何形体。

2
雷姆·库哈斯.“欧洲人：注意！达利和勒·柯布西耶征服纽约”《癫狂的纽约：给曼哈顿补写的宣言》.（REM KOOLHAAS. Delirious New York：A Retroactive Manifesto for Manhattan [M]. New York：Monacelli Press，1978，253.）

3
大都会事务所对循环摩天楼的专利是可悲的声明，还是乖张的玩笑?
REM KOOLHAAS. Content [M]. Köln：Taschen，2003，511.）

■

●

◀

4
极致主义的起源可以从建筑之外的其他构成形式追溯，比如野口勇的能量空间（1971）就是莱因哈特剧院这类环形大楼的先驱；甚至在马列维奇之前，风格派艺术家、建筑师Georges Vantongerloo和Robert Van Hoff一系列的构成实验已经暗示了建筑构成体的几何原理。

成百上千的楼房印证着建筑似乎已经突破了技术和经济的限制，所谓的尺度、功能、基地都变得可有可无。脱开传统的束缚，不仅新兴标志物能被循环使用，连金字塔都能被倒过来，罗马字、汉字可以变成建筑造型，整个建筑物都是堆叠的盒子更不是问题。

事实上，纯粹形式的新版图让当代极致主义成为一场建筑“大爆炸”；鉴于有限的形式生产速度，当代建筑爆发出相似形式的无限循环。伴随着重复多产的形式，一个古老的哲学问题更迭出新的结论——“形式追随形式”。

认识论

极致建筑的当代形状作为对形式的认识论，展示了当代前沿的建筑实践（以及他们历史上的先例）如何在没有任何官方的、统一的意识形态与美学潮流引导下，寻找到共同的形式语言。作为一份尚且初步并将不断增加的样本目录，以下分类揭示出形式如何作为不言自明的原则，引导当代建筑产生出前后连贯的相似性；如同柯布西耶的五项原则之于现代主义建筑。

以下图片狂妄挑衅着建筑学话语，它们将形式雷同的建筑成组。建筑从原有的环境中被剥离，并被拼贴到全新的场景中，形成新的辩证叙事。

拼贴背景借用了弗雷德里希（Caspar David Friedrich ）的纯景观绘画作品，以揭示原始自然与人造物之间潜在的张力，并凸显出建筑之间的戏剧冲突——尽管每个个体都沉浸于对独一无二的求索，但最终却被极度相似的呈现结果打败。

■

●

◀

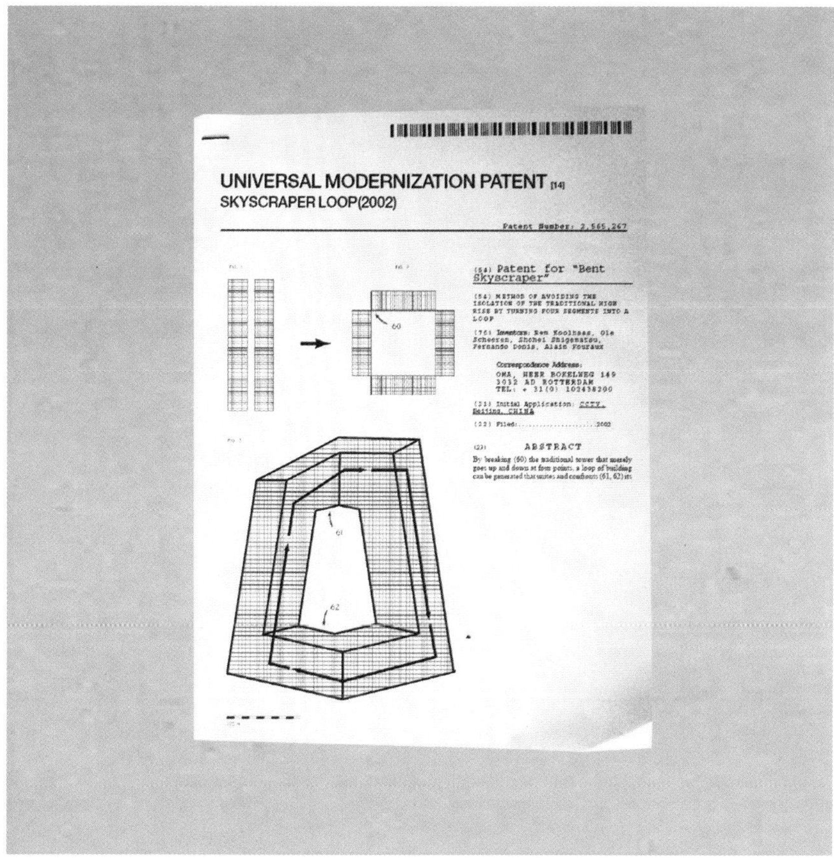

UNIVERSAL MODERNIZATION PATENT [14]
SKYSCRAPER LOOP(2002)

Patent Number: 2,565,267

(54) Patent for "Bent Skyscraper"

(54) METHOD OF AVOIDING THE ISOLATION OF THE TRADITIONAL HIGH RISE BY TURNING FOUR SEGMENTS INTO A LOOP

(76) Inventors: Rem Koolhaas, Ole Scheeren, Shohei Shigematsu, Fernando Donis, Alain Fouraux

Correspondence Address:
OMA, HEER BOKELWEG 149
3032 AD ROTTERDAM
TEL: + 31(0) 102438200

(21) Initial Application: CCTV, Beijing, CHINA

(22) Filed:........................2002

(23) ABSTRACT

By breaking (60) the traditional tower that merely goes up and down at four points, a loop of building can be generated that unites and confronts (61, 62) its

图：
大都会事务所对循环摩天楼的专利是可悲的声明，还是乖张的玩笑？*
*见“关于‘全球现代化专利：循环摩天楼’”.雷姆·库哈斯.《内容》.（REM KOOLHAAS. Content [M]. Köln：Taschen，2003， 511.）Image courtesy of OMA.

当代极致
景观I：环形

不同于直上直下的竖直线条，环形在地面和顶端连接起双塔，创造出视觉连续性。尽管第一个为人所知的环形方案是由艾森曼在1992年提出的，但这一概念直到2002年才在库哈斯/大都会事务所的央视总部大楼成为现实。

马克斯·莱因哈特大楼
彼得·艾森曼，柏林，1992年

中央电视台总部大楼
OMA，北京，2002年

校园中心
奥本海姆（Oppenheim），佛罗里达，2008年

凤凰岛
MAD，三亚，2009年

（以上案例对应右图从左往右）

当代极致
景观II：堆叠盒子

在1960年代，先锋派将预制化和可移动性看作可以永久改变建筑的变量。这种对新兴工程建造技术的信仰，与对科幻小说和新陈代谢理论的怀旧情绪混合起来产生了预制模块聚合体，就像是一堆高高叠起的盒子。如今，这种关于移动的理想早已消散殆尽，只留下这些永远不会移动的盒子在当代建筑图景中继续繁殖。

67号住区
摩西·赛弗迪（Moshe Safdie），蒙特利尔，1967年

天空村庄
MVRDV/Adept，罗德乌尔，2008年

新美术馆
SANAA，纽约，2007年

垂直美迪纳
OMA，突尼斯，2008年

丹麦建筑中心
OMA，哥本哈根，2008年

泰特美术馆
赫尔佐格与德梅隆（Herzog & de Meuron），伦敦，2007年

（以上案例对应右图从左往右）

当代极致
景观III：放大字体

建筑是语言。有些房子就是拼写。约翰·大卫·斯坦布鲁格（Johann David Steingruber）在1773年出版的《建筑字母表》，以字母顺序绘制了一系列字母平面。放大字体采用了斯坦布鲁格策略，并将它从平面转换到立面，将建筑变成了单体的字母或集群的单词拼写。

汉堡科技中心（O）
OMA，汉堡，2004年

朱丽安娜女王广场（M）
OMA，海牙，2002年

中央电视台文化中心（A）
OMA，北京，2002年

布鲁塞尔行政区（BE）
JDS，布鲁塞尔，2007年

W大楼（W）
BIG，布拉格

VEJLE大楼（VEJLE）
PLOT，瓦埃勒，2004年

（以上案例对应右图从左往右）

当代极致
景观IV：钢铁云

钢铁云让人回想起埃尔·里茨斯基（El Lissitzky）悬于俄罗斯城市上空的云中铁臂，一种对美国摩天楼的社会主义修正。[5] 里西茨基杂技般的结构既受到当时技术经济的启发，又为其所限制。随着工程技术的进步，钢铁云得以成为一种可实现的当代原型。大悬挑可以轻松出现在建筑的任意高度。

云中铁臂
埃尔·里茨斯基，莫斯科，1924—1925年

深圳证券交易大楼
OMA，深圳，2006年

中国保险集团
蓝天组，深圳，2008年

迪拜之塔
Series et Series，迪拜，2007年

IMEC大楼
JDS，布鲁塞尔，2008年

（以上案例对应右图从左往右）

5
如同其他继承了结构主义的建筑形式，云中铁臂被弗兰姆普敦解读为“试图将美国摩天楼重构为社会主义造型”。引自肯尼斯·弗兰姆普敦（Kenneth Frampton），《现代建筑：一部批判的历史》，第四版。（KENNETH FRAMPTON.“The New Collectivity：Art and Architecture in the Soviet Union：1918-32”，Modern Architecture：A Critical History，4 ed [M]. London：Thames & Hudson，1980：178.）

关于云中铁臂的更完整研究，见弗朗西斯科·波尔古斯（Francisco Burgos）与吉尼斯·戈里多（Gines Garrido）合著的《里茨斯基：云中铁臂1924-1925》（EL Lisstizky：Wolkenbügel 1924-1925 [M]. Madrid：Editorial Rueda，2004.）

当代极致

景观V：水平压缩器

社会压缩器是先锋派在布尔什维克改革中为寻求“集体生活方式”发展出的建筑策略之一。[6] 整栋大楼的每个部分都是为了构成集会与社会化的空间。水平压缩器通过内部集体空间和外部连桥给原本独立的各个塔楼建立起功能与视觉上的连续性。

1934年亚历山大·维斯宁和维克多·维斯宁（Aleksander and Victor Vesnin）在重工业部人民委员会大厦竞赛方案（Dom Narkomtiazhprom）中提出了后来为人们所知的第一个20世纪水平压缩器。[7]

人民委员会大厦竞赛方案

维斯宁兄弟（Vesnin Brothers），莫斯科，1934年

当代MOMA（译者注：Linked Hydrid）

史提芬·霍尔事务所（Steven Holl Architects），北京，2003-2008年

欧洲专利局

塞维尔·迪盖特事务所（Xaveer de Geyter），海牙，2004年

（以上案例对应右图从左往右）

6

布尔什维克革命期间先锋派保卫的崇高理想，见卡米拉·格雷.“1917-21”，《俄国实验艺术1863-1922》.（CAMILLA GRAY. The Russian Experiment in Art 1863-1922 [M]. London：Thames & Hudson，1962.）

安纳托尔·柯普.《城镇与革命：苏维埃建筑与城市规划，1917-1935》（ANATOLE KOPP. Town and Revolution：Soviet Architecture and City Planning，1917-1935 [M]. trans. Thomas E. Burton. New York：Thames & Hudson，1970.）

7

译者注：维斯宁兄弟参加了1934年的建筑竞赛。大楼为苏联建筑业和重工业部门的人民委员会修建，选址在莫斯科红场边。

关于重工业部人民委员会大厦竞赛方案更透彻的解释，见詹姆斯·卡尔卡夫特和丹尼尔·罗兰德.《俄罗斯特征的建筑：1500至今》.（JAMES CRACRAFT，DANIEL ROWLAND. Architectures of Russian Identity：1500 to the Present [M]. Ithaca：Cornell University Press，(2003，147.）

当代极致
景观VI：建筑构成体

建筑构成体是卡兹米尔·马列维奇在1920年代以石膏雕塑为媒介发展出的至上主义实验。它最初被看作是对纯粹塑形的探索，其不对称且远近高低各不同的特性被大量运用在当代摩天楼的创作中。

建筑构成体
卡兹米尔·马列维奇，莫斯科，1923年

西尔斯大厦
SOM，芝加哥，1974年

建筑构成体
拉扎·希迪克尔（Lazar Khidekel），莫斯科，1927年

波罗的海珍珠
塞维尔·迪盖特事务所，圣彼得堡，2005年

垂直校园
OMA，东京，2004年

Gazprom总部
OMA，圣彼得堡，2006年

（以上案例对应右图从左往右）

当代极致
景观VII：钟乳石

形似石笋或矿物沉积，钟乳石由一群楼层面积随高度逐层减小的建筑组成。它们或是楔形塔楼，或是具有标志性的弧形顶端。各个塔楼之间不完全相同，但又相似成群；能容纳混合功能，又能维持均质统一的外观形状。1966年汉斯·康瓦兹（Hans Konwiarz）设计的汉堡阿斯特中心（Das Alsterzentrum）可被看作20世纪最著名的钟乳石之一。

阿斯特中心
汉斯·康瓦兹，汉堡，1966年

蒙德里达拉诺酒店
JDS，拉斯维加斯，2006年

奥运村
MVRDV，纽约，2003-2004年

垂直山村
标准营造，成都，2012年

Gwanggyo能量中心
MVRDV，首尔，2007年

（以上案例对应右图从左往右）

当代极致
景观VIII：倒金字塔

倒金字塔是四边形屋面向下收小成为相似四边形形成的倒锥形立面。这一形态策略仿佛是把金字塔倒置了。史代芬 · 思维托克（Stefan Svetko）于1985年完成的斯洛伐克广播大楼是率先采用这一形式策略的建筑之一。

斯洛伐克广播电台
史代芬 · 思维托克，布拉迪斯拉发，1962-1985年

洛桑联邦理工学院学习中心
塞维尔 · 迪盖特事务所，洛桑，2004年

苏黎世美术馆
REX，苏黎世，2009年

埃及博物馆
PLOT，开罗，2002年

（以上案例对应右图从左往右）

SLOVENSKY

标志

当事物、符号或行为从它们自身的想法、概念、本质、价值观、参照点、起源、目的解脱出来，它们就开始了无尽的自我再生产过程。事物持续运转，而理念早已消逝；它们的内容是什么对于它们的存在而言无关紧要。自相矛盾的是，事物在这种情况下反而运转得更好了。

——让·鲍德里亚（Jean Baudrillard），1990 [iv]

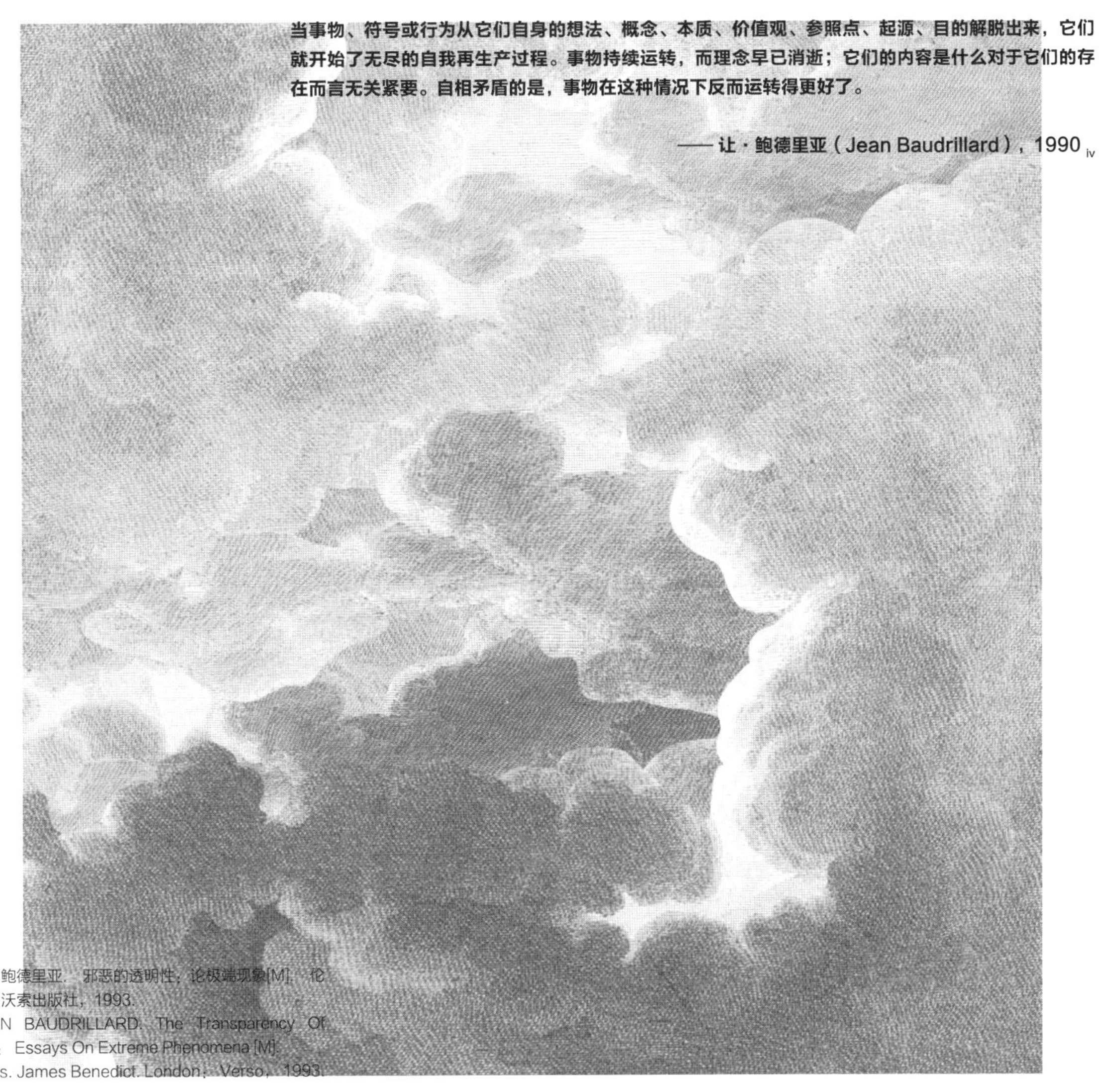

iv
让·鲍德里亚. 邪恶的透明性：论极端现象[M]. 伦敦：沃索出版社，1993.
JEAN BAUDRILLARD. The Transparency Of Evil：Essays On Extreme Phenomena [M]. trans. James Benedict. London：Verso，1993.

后(明信片)意识形态标志

什么是意识形态图像学的辩证法?

近一个世纪以来，空气中充斥着意识形态的易燃气体。电影、艺术、建筑、城市主义都易感于空气中的风吹草动，易感于闪烁其间无止境的宣言和各种版本反复出现的“新的开始”。假使这些点燃建筑意识形态的火种熄灭了，那除了怀旧的烟雾还能剩下什么？在先锋派的理想火焰消退之后，难道只留有我们对已经死亡的意识形态食古不化的偶像崇拜？为什么我们无法看到昨日超意识形态的先锋派与今天的波普建筑偶像之间惊人的相似和反差强烈的不同?

先锋派1920年代

在1920年代的想象中，拉索、钢绗架、结构混凝土塑造了雄伟的纪念物，一种矫饰的先锋派。它一开始看起来像是钢的高塔急速螺旋伸向天空，随后像是为列宁创作的倾斜神坛，随后又以云中铁臂的形式无所畏惧地悬浮于过去的城镇上，如同飞行的城市无重量地划破苍穹。先锋派不只宣告了面向太阳的胜利，它还担负着以建筑填满天空空白的使命。[1,2]

然而，当所有美妙的结构都将达到梦想的最高境界时，先锋派猛然撞上了意识形态的墙。如果说在理想主义怀旧情绪盛行之时，先锋派的梦想已是不可能的任务；那么当被经济萧条的幽灵笼罩，当决策者突然偏爱上新古典，先锋派就完全失去了成功的可能。[3]

1
《征服太阳》是库申尼柯（Kruchenikh）于1913年在月亮公园剧院上演的未来派歌剧，马列维奇在其中设计了3幅背景与12套戏服。正是在此剧中，马列维奇首次展示了白方块和黑方块，由此宣称了至上主义的诞生。关于更多征服太阳的信息，见卡米拉·格雷所著《俄国实验艺术1863-1922》.（CAMILLA GRAY. The Russian Experiment in Art 1863-1922 [M]. London：Thames and Hudson， 1962.）

2
里茨斯基对于该剧的评价充分体现了布尔什维克革命早期对艺术沉醉式的乐观：“被表达为旧世界能量的太阳从天堂被现代人扯下，因为现代人可以通过高超的技术创造自己的能量来源。”《里茨斯基，俄国：一场建筑与世界的革命》.（ELLISSITZKY， Russia： An Architecture for World Revolution [M]. Cambridge：MIT Press，1970，138.）

■

●

◀

图:
里茨斯基想象人类征服太阳的未来景象

3
谁能忘记博瑞斯 · 约樊（Boris Iofan）的苏维埃宫？传说其原本的获胜方案是相当抽象的，之后在约瑟夫 · 斯大林（Joseph Stalin）的影响下演变成1400英寸（35.56m）高的新古典主义神殿。关于苏维埃宫项目和竞赛的更多详细信息，见迪岩 · 苏蒂（Deyan Sudjic）所著《建筑！建筑！谁是世界上最有权力的人》（DEYAN SUDJIC.The Edifice Complex：How the Rich and Powerful—and Their Architects—Shape the World [M]. New York：Penguin Books，2005，77.）

战后令人窒息的社会政治悲观气氛让先锋派获得一丝喘息，并由其发展出它们最后（绝望的？）计划。面对第二次世界大战的毁灭性影响，乌托邦不得不改变其形状。如果说在战前，建筑是推倒重来的手段，理想的新城市就该用意识形态的纪念物替代旧的城市肌理；那么新一代的梦想家则承诺说不去触碰旧城。战后的先锋派把他们对理想城市的梦想伪装成被无止境建造的巨大房屋，理想的城市主义即是没有尽头的建筑。

先锋派1960年代

第二个也是最后一个20世纪建筑学意识形态标志大约发生在50年前。通信、交通和建造技术的进步向人们展示了充满希望的将来，新的意识形态标志将以前所未有的形式物质化。建筑扩大到城市尺度，云状的脚手架安静漂浮于香舍丽榭大道上，镜面包裹的纪念物无尽蔓延在格拉斯街头，像素的、螺旋的、蘑菇云状的巨石在东京新陈代谢一般遍地生长，密网格穹隆将曼哈顿笼罩隔绝，城市机器不知疲倦地走遍地表的河流海洋。

然而，先锋派的提案又一次被质疑与现实如此脱离，在经济上如此不可行，在意识形态上如此天真；它们（在日本以外）几乎找不到任何可能的应用，也没有任何一个客户信服他们野心勃勃的计划。先锋派不得不面对战后创伤累累的世界——一个充满怀疑并不再拥抱乌托邦的世界。

重写本

当今一代善用媒体、经济合理、政治正确的建筑师们打算复活20世纪中那些最颠覆最具活力的意识形态标志。如同建筑机会主义的精美躯壳（一种超现实主义的接龙游戏），当代建筑在“概念越强大，形象越犀利”的精神下，已挖掘出先锋派最出色的方案，并将它们重新包装成无害的、直接可被消费的大幅印刷图画。现成品标志物成为点缀杂志插页的建筑。意识形态的纪念物成为图像学的重写本。

这个世界由贪得无厌的大众媒体机器运转着。如同其他平庸商品，先锋派的意识形态标志物被一再描摹复制，奉给毫无批判力的、图像饥饿的观众囫囵吞食，并忘却了他们原初的潜力。这再次印证了卡尔·马克斯的名言，所有伟大的历史事件与人物可以说都出现过两次，第一次出现是正剧，第二次出现是闹剧。[4]

当今的这些建筑是几十年前已过期的意识形态的假体。它们凭借大胆的形体、标志性的呈现，以及对历史上意识形态的参考，吸引着闪光灯，并赢得了评论家的赞扬。这些空间人造物被各种摄影、印刷、博客、讨论、奖项耗尽，它们由革命标志物变质成为建筑大众媒体上的漂亮面孔；硬核意识形态偶像成了建筑媚俗面。

后（明信片）

以下图像以建筑后（明信片）的形式体现其冲击性，画面的组织方式试图激发我们去理解意识形态标志物的批判性，并指认出当代建筑中那些最密集被循环利用的提案。图像化建筑似乎成了设计中的灵丹妙药。

通过精心选择两个形态相关的建筑并将其嫁接形成另一种可能的现实，这些图像揭示出标志物演进过程中两种对立情境；最初作为意识形态的惊世杰作，随后成为无害的建筑随身品。在后（明信片）左侧展现的是20世纪先锋派的标志物。作为时代精神的产物，这些建筑共享着激烈狂乱的历史，崛起于对纯

4
“黑格尔在某处说过，历史上任何重大事件都会发生两次，只不过第一次是正剧，第二次是闹剧”。引自：卡尔·马克斯.“路易·波拿巴的雾月十八（1852）”，《卡尔·马克斯全集》，第一卷（KARL MARX. The Eighteen Brumaire of Louis Bonaparte（1852）[M]，The Karl Marx Library，vol. 1. ed. Saul K. Padover. McGraw Hill：New York， 1972：245－246.）

真乐观主义年代的集体怀旧，直到被现代主义的冷酷无情击得粉碎，如同沙堡面对海啸。这些图像展现了极致意识形态图像化宣言的若干形式：云中铁臂，非客观构成体，新陈代谢螺旋体，以及新巴比伦的派生物。

作为图像的对立面，当代建筑与它们的意识形态先驱惊人的相似。如同离开身体的器官，这些标志物缺乏清晰的意识形态背景；这不仅反映了当代建筑对形状的借用，更证明了当代建筑是如何通过过度曝光和无度使用中和了早期意识形态图像化形式的固有潜力。新的标志物不再具有任何隐晦的反抗信息，不再陈述前所未有的宣言，不再体现任何地下先锋派的哲学。它们越沉迷于白身图像，它们越接近后建筑（明信片）。

后（明信片）意识形态标志1
建筑构成体，至上主义

建筑构成体
拉瑟·希底结（Lazar Khidekel），莫斯科，1927年

俄罗斯天然气公司总部
OMA大都会建筑事务所，洛杉矶，1996年

绘画或建筑中的至上主义元素不受限于任何潮流，无论是社会性的还是物质性的。

——卡兹米尔·马列维奇[5]

5
马列维奇.《非客观世界》.霍华德·迪亚斯坦恩（Howard Dearstyne）译（KAZIMIR MALEVICH. The Non-Objective World. trans. Howard Dearstyne [M]. Chicgago：Paul Theobald and Company，1959.）

■

●

◀

后（明信片）意识形态标志2
天空悬臂，结构主义

云中铁臂
埃尔·里茨斯基，莫斯科，1924年

艺术建筑博物馆
史提芬·霍尔（Steven Holl）， 南京， 2002-2009年

征服结构和地面的概念可以被进一步延伸为征服重力。它要求成为漂浮的结构，一个物理上动态的建筑。

——埃尔·里茨斯基[6]

6
里茨斯基，“未来与乌托邦”，《俄国：一场建筑与世界的革命》.埃里克·多伦哈什（Eric Dluhosch）译（EL LISSITZKY. Russia：An Architecture for World Revolution. trans. Eric Dluhosch [M]. Cambridge：MIT Press，1970：66.）

■
●
◀

后（明信片）意识形态标志3
螺旋，新陈代谢

螺旋城市
黑川纪章，东京，1961年

逻辑城市
JDS，深圳，2006年

我们找到了一个新理论。欧洲之美被认为是永恒的，但或许我们可以发现一个基于运动的新美学。我们觉得我们可以创造移动建筑。

——黑川纪章[7]

7
黑川纪章与库哈斯和汉斯·乌尔里希·奥布里斯特（Hans Ulrich Obrist）的谈话，《日本计划：新陈代谢说》（REM KOOLHAAS，HANS ULRICH OBRIST. Project Japan：Metabolist Talks，ed.，Kayoto Ota with James Westcott [M]. Koln：Taschen，2011：383.）

后（明信片）意识形态标志4
新巴比伦，眼镜蛇画派

新巴比伦
康斯坦特（Constant），阿姆斯特丹，1960年

万科中心
史提芬·霍尔事务所（Steven Holl），深圳，2006年

我们可以较为清晰地设想一个未被居住的世界。但要在这个世界里散布与我们的生活大相径庭的人却要困难得多：我们无法预先支配或设定他们有趣的创造行为。我们只能投诸于幻想，由科学转向艺术。当洞察到这些，我便停止了在模型上工作，而去尝试绘画与素描，大概是为了创造出某种新巴比伦生活。
这是我目前能力所及。这个项目存在着。它被安全存放在博物馆，等待在某个更好的时机再度激起未来城市设计师们的兴趣。

——康斯坦特[8]

8
康斯坦特于1980年5月23日在代尔夫特大学的讲座.“新巴比伦1956-1974”，康斯坦特基金会.http：//stichtingconstant.nl/new-babylon-1956-1974，2018年3月4日。

附录

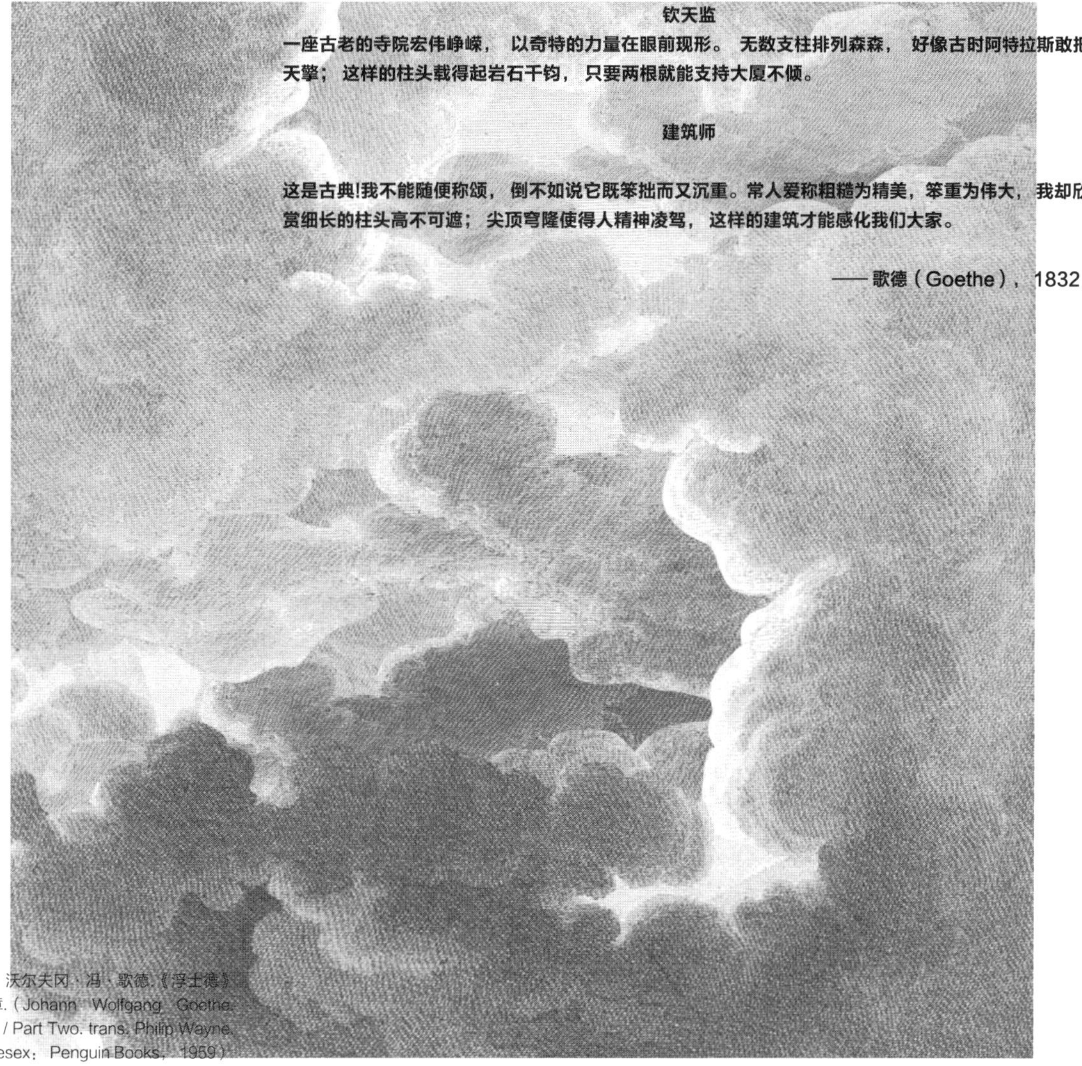

钦天监

一座古老的寺院宏伟峥嵘， 以奇特的力量在眼前现形。 无数支柱排列森森， 好像古时阿特拉斯敢把天擎； 这样的柱头载得起岩石千钧， 只要两根就能支持大厦不倾。

建筑师

这是古典!我不能随便称颂， 倒不如说它既笨拙而又沉重。常人爱称粗糙为精美，笨重为伟大， 我却欣赏细长的柱头高不可遮； 尖顶穹隆使得人精神凌驾， 这样的建筑才能感化我们大家。

——歌德（Goethe），1832 v

v
约翰 · 沃尔夫冈 · 冯 · 歌德.《浮士德》第二章.（Johann Wolfgang Goethe. Faust / Part Two. trans. Philip Wayne. Middlesex： Penguin Books， 1959）

无场所的可能

与弗朗索瓦·布兰茨阿克的访谈[1]

建筑在2008年到达了临界一刻。雷曼兄弟和华尔街的崩溃或许标志着21世纪前10年眼花缭乱的建筑生产积累到达终点，同时也给21世纪的建筑带来了沉思与反省的机遇。

同样在2008年，弗朗索瓦·布兰茨阿克（François Blanciak）出版了一本书，名为《无场所：1001建筑形式》。尽管书中1001个造型各异的手绘房子似乎暗示着多向的设计理论，但仔细阅读后会发现此书揭示的是，一座建筑如何通过对形式的极致探索而实现连贯性。

无论是作为截取的症状片段，纯粹创作灵感的灵光一现，或是未来数年的建筑信条。无场所既是个体发自肺腑的创作火花，也是对学科尖锐批判的反常规叙事。如同纯粹极致标志，无场所聚焦于纯粹形式与建筑的关系。

WAI与弗朗索瓦·布兰茨阿克讨论了无场所建筑蕴含的潜力、局限和可能性。

1
弗朗索瓦·布兰茨阿克，法国建筑师，悉尼大学建筑与规划学院讲师，东京大学博士。曾工作于洛杉矶、哥本哈根、香港和纽约，就职于弗兰克·盖里和彼得·艾森曼事务所。他的作品曾参展加拿大建筑中心和威尼斯建筑双年展。布兰茨阿克曾在莱斯大学评图，并在东海大学、密歇根大学、清华大学举办讲座。他是《无场所：1001建筑形式》（SITELESS：1001 Building Forms，MIT Press，2008）的作者。

■
●
◀

WAI:

《无场所》出版于关键的一年，2008年。它标志着与先前金融系统的决裂并将许多国家推向经济崩溃并直接影响了建筑业，它还代表了延续十年的建筑图像爆炸时代的终结。大众媒体，无论是印刷刊物或是数字媒体都在世界各个角落助长着建筑标志物的大量繁殖。无场所出版的动机是否源于某个特定的建筑事件或现象？或者，它更接近个体对于学科可能性与局限性的反思？你能否告诉我们无场所是怎样产生的？

布兰茨阿克：

如果声称这本书是特别为预测2008年的事件书写或出版，甚至意在触发那场崩溃，那就很具误导性了。但事实确实是，当我们越接近出版的那天，我就越开始意识到此书的标志性价值，它在实践和理论上所暗示的含义以及其内容与建筑发展轨迹的关系。直到有一刻它让我想到，无场所或许已成为某种转变当今我们所目睹的建筑范式的动因。此书出版以来，业内几乎没有发生什么让人着迷或激动的事情。此书的出版计划花费了5年时间，原稿一般在出版时间的一年前递交。所以人们可能会讨论其中的巧合，然而支撑此书的意图和其影响——由那1000个未曾发表的建筑形状所构成的泛滥于市场的形式——也随着那一时期建筑的消亡而危在旦夕。我在纽约的朋友曾告诉我：“以这本书，你杀死了建筑。”我认为他的意思是，这一系列形状潜在地阻碍了建筑师而非激发建筑师；它一次性地挪用了如此之多的形式概念，因而将你所提到的对于形式复杂性的无尽探索短路了。因此我又有了另一种大概是靠耗尽建筑形式的可能性来超越这个问题的渴望，不只是为建筑也是为我自己，从而能转向关注建筑领域的其他兴趣点。作者们常常认为出版仅仅是挖掘他们自身的思想，并如同悖论般的最后放弃他们起始所牢牢抓住的（观点）。我同情这种状况。然而，我想强调的是这本书的目的不只在于解构，或是阻碍。其实它最根本的意义在于作为一种激发读者想象力的工具，一种保存创造性动力的方式，而并非被有些建筑师错误理解为罗列一堆可用来被复制的形式概念。

在无场所的介绍中，你将你的建筑陈述为“尽管这里的许多形状仅是作为对学科中反复出现范式的批判，但希望以此激发我们去创造多

元化的未来；其中不少例子（至少在地球的重力条件下）需要当今尚不存在的建造技术，”我们的意图在于理解学科的当下状况及其对形式极度迷恋的关系。尽管我们也看到了《无场所》这样的出版物中颠覆的潜力，如你所说，文字几乎完全被绘制的形体所替代，我们仍疑问，本书的初衷到底是激发挑战学科，还是在接受建筑迷恋形式的前提下探索潜力？

最初的想法是两方面都有的，而且我认为两者相辅相成。如果没有在一定程度上接受形式是建筑的基本构成，并遵从学科形式研究的规则，也就不可能达到建筑形式的消耗与加剧。或许本书悬而未决的是并未提出一种生产建筑的特定方法，如果说它提出了什么，那或许是密集地展示了建筑实践中各种犹豫的结果。《无场所》是一本复杂的书，因为它同时致力于艺术性和学术性。它的极其有趣之处在于它源于众多没有场地、尺度和功能的建筑形式，同时包含了将建筑研究重新定义为前瞻性领域的理性动力。这给此书带来特别的意义，尤其是在当今各所大学都在试图理解建筑研究的领域包含了什么。这也是为什么此书采用图像语言是如此重要。

荣格将“原型作为集体无意识”称为人性深处的普遍意向。当这个概念被转译为建筑，我们就看到了例如金字塔、球体、立方体在历史中，超越信仰、文化、社会或经济环境等因素，不断出现。这些形式似乎有它们自己的生命，它们的含义似乎随着周遭环境而变。比如我们看到吉萨金字塔、福斯特（Foster）在阿斯塔纳的宫殿、皮拉内西（Piranesi）的描述，或者布雷（Boullée）与勒杜（Ledoux）的理想建筑。就如你想暗示的无场所性，当代建筑似乎正在扩展纯粹形式的列表。这种对形式不再是禁忌的公开承认能否给学科带来变化，甚至改变建筑教育呢？

这是个很有趣的观点，并与我上学期在悉尼大学指导的研究生设计课直接相关。我所策划的任务书要求学生关注于一个纯粹形式，并将其作为贯穿整个学期的形式研究和设计的基础，课程中的形式是一个有着固定尺寸的四面体，并有100多米高。在充分分析给定基地和其周边之后，学生被要求自行决定建筑功能。因而设计课的任务书本身就是一场实验。这个几何形状的紧身衣只有很少的空间可供形式实验，不过这恰恰给学生提供了诠释形式主题的高度自由。在每个项目的意图框架内，这个最初纯粹的形式可以被扭曲、打碎、液化、置换、颗粒化，或者被任何有意义的形式操作影响。这种设计方法的目的在于与常规的“功能+场地=形式”的设计模式决裂开来。在最普遍的建筑教育中，场地和功能是由任务书确定的，而形式则应该是结合这两个因素的线性设计操作的理性结果。将传统过程在任务书中反转，正体现了设计课对无场所独特方式的联系：我们始于形式，然后是场地，而功能是根据项目而定的。因此，项目成为一个分析的工具。尽管在一开始它被有些同事认为比较格式化和激进，但设计课的结果却惊人地富有创造力。

无场所是否是其时代的产物，还是说它其实也可能在20年前，或20年后出现？在这个意义上，你认为《无场所》作为出版物是否可能超越近年来的建筑困境，不只是解释特定时期的建筑，还能为学科深层提供有价值的信息？

我常常说，我想生产一本内容上或者起码在图像上看起来非常过时的书，以至于它在将来都不会过时。它体现的恒久性在于让人想到绘画是一种写作，而写作也是一种绘画。更准确地说，它的特性受到了文艺复兴时期众多著作的启发，比如斯卡莫齐（Scamozzi）[2]，塞利奥（Serlio）[3]，维尼奥拉（Vignola）[4]等。他们不知疲倦地反复绘制同样一组柱子——五种柱式——在完全无场所的条件下。在此意义上，建筑要素是先被设计的，早于它们被插入特定环境，无论是功能上的还是几何上的。然而，如同任何东西，此书也是其时代的产物，但它清晰地构成了面对建筑书籍越来越厚这一趋势的反应，不过，《无场所》比大多数出版物更明确地展现了缩减的概念——对建筑再现形式的缩减、对出版物尺寸的缩减、对建筑范畴的缩减直至其本质（即建筑的观念）。如今是个痴迷于可持续性的时代，建筑的表现也彻底从实验性的表达转向极简的印刷符号。

大约100年前，卡兹米尔·马列维奇主张艺术的彻底转型，将其减少到最基本的存在可能：纯粹形式。黑色正方形（1915年）和黑圆圈（1923年）展现了绘画的新开端。从那一刻起，艺术不再需要再现现实，甚至不需要参照现实，艺术从模仿的责任中被解放出来。有些人说是摄影解放了艺术，我们认为在一定程度上是马列维奇解放了艺

2
文森佐·斯卡莫齐（Vincenzo Scamozzi，1548-1616），意大利建筑师，建筑学作家，16世纪下半叶主要活跃于维琴察和威尼斯共和国地区。斯卡莫齐设计了爱奥尼柱头的一种版本，非常成功，成为当时的标准，而当希腊的爱奥尼柱式在18世纪希腊复兴式风格中重新被介绍回来的时候，人们重新发现它是如此古朴和原始。

3
塞巴斯蒂亚诺·塞利奥（Sebastiano Serlio，1475-1554），意大利建筑师，曾是意大利枫丹白露宫建筑团队的成员。塞利奥在其有影响力的论文中帮助规范了建筑的古典柱式，该论文被称为《建筑五书》或《关于建筑和视角的所有作品》。

4
贾科莫·巴罗齐·达·维尼奥拉（Jacopo Barozzi da Vignola，1507-1573），意大利建筑师、建筑理论家，是16世纪风格主义建筑的代表人物，也是当时罗马建筑师的领袖。维尼奥拉早年曾在博洛尼亚学习建筑与绘画，1530年赴罗马定居。1562年，他出版了名著《五种柱式规范》（Regola delli cinque ordini d'architettura）。

术。尽管如此，建筑并非绘画。虽然建筑师的大部分角色在于建筑的图像表现，但在普遍意义上，其中存在的限制在于这些图像（绘画、拼贴、渲染）在一定程度上都是在模拟现实，或者在某个时刻可能或必须化为现实。毕竟，即使文艺复兴时期的专著也是对柱式的描述。斯卡莫齐、塞利奥、维尼奥拉都在表现“真实”且可被建造的柱子。与绘画相对，纯粹形式作为建筑中较高的理想会遇到一系列障碍，因为建筑有功能，或者至少有使用者。那些像马列维奇或布林奇·巴勒莫（Blinky Palermo）等艺术家实现的彻底抽象化很容易就变成建筑上的奢望。像《无场所》这样的出版物，或是你提到的将形式作为主要研究对象的设计课教学，是否将形式手段看作解放的工具，使建筑得以脱离其他事物来被思考？（例如，有意不考虑其他因素的形式推敲）还是说，它们更像是讽刺的恶作剧，调戏建筑表现与设计的局限性？这种刻意的形式主义的出现，是会加强建筑学，还是会杀死它？

这组问题和评论有点复杂。我不确定自己是否同意马列维奇黑方块构成了艺术的新开端这种论断。它更像是表达了对终结至上主义之前潮流的渴望。从印象派到立体派，这是一个逐渐通过升华和缩减图像含义来追求效果最大化的过程。19世纪末的艺术大部分来说都被创造最后的绘画的渴望所主导。为到达最彻底的目的，就必须回到绘画表面本身。黑方块可以被看作是这一抱负的巅峰。事实上，如果将马列维奇的作品当作整体来观察，就能发现抽象艺术只不过是他在具象艺术之外的另一部分创作。对此我的观点是模棱两可的。因为我也相信具象在建筑中的潜力，而且我认为这部分潜力是有待开发的。当今的艺术又强烈地回归具象，而建筑尚未追随。我想说的是，凭空设计要比仔细关注已有事物要容易。现在，回到你的问题，像《无场所》这样的出版物，当然是有意分化了建筑语汇和建造要求，但它未必站在强调建筑表现设计局限性的对立面。特意采用徒手画作为媒介，是为了展现数码工具在制造多样性上的缺陷，那些当初被认为是前卫的东西已经重复了20多年了。使用软件做设计容易产生出无场地特征、无功能特征，而只有软件特征的形式。这已经成为创造多样性的壁垒，因为计算机只能提供预设的形式及变形操作。

如果是这样，假定形式是一个超验概念，可以抵抗社会、政治，甚至意识形态的影响，那么形式在学术讨论中是否该被放到最主要的位置呢？还是说其他命题，比如场地、功能、社会问题仍是更首要的？这些往往相互矛盾的命题是否可以作为建筑学存在的意义而共存？

形式当然是近年来学术界越来越被透彻解释和广泛接受的主张，而不再像过去那样被盲目地抵触。我一学期的教学围绕单一形体展开的目的在于减少形式探索在建筑教育中的压力，从而关注更重要的议题，比如你提到的那些：场地、功能、结构、社会问题等。实际上这种类型设计练习的目的就是反转教学方法中的普遍趋势，就是假装完全只关注某些特定方面，但形式往往成为最先入为主评估成果的标准。在我拟定的任务书中，给定的纯粹形式是一种可被功能啮食的腐肉，以此来激发异端的完全被外部力量所统领的建筑形式。

你将纯粹形式看作媒介还是目标？

在这个特定情况下，这是一个媒介。如果我们将纯粹形式理解为一系列发源于阿基米德几何的形式，如球体、金字塔、立方体，那这些形式的根本能量在于去容纳而非分解，这使它们特别适合成为容纳特定场所功能的容器。如果我们将建筑设计理解为形式对于外部动态力量的适应过程，那将纯粹形式作为外壳就是一种催化剂。在另一方面，纯粹形式的单纯意义在于被外部力量侵蚀和影响。在这个定义的辩证过程中，这个固定的外壳帮助我们确定功能，同时反之，功能揭示了形式并使其独特。因此，纯粹形式的反转源于试图将建筑表现推倒重来。这几乎是对形式本身的无视。

无场所建筑是否是可能的，甚至是被需要的？

通过《无场所》的销量来看，确实如此。大部分我学生时代崇拜的建筑师从未建成过任何作品，比如，莱尼多夫（Leonidov）[5]，海杜克（Hejduk），基斯勒（Kiesler）[6] 和克里尔（Krier）。我对此的看法是，如果这些不曾建造的建筑师能够参与这个领域并产生关联，那他们必定在做一些正确的事情。

5
伊万·伊里奇·莱尼多夫（Иван Ильич Леонидов，1902–1959），苏联的结构主义建筑师、城市规划师、画家。

6
费雷德里克·基斯勒（Frederick John Kiesler，1890–1965），生于奥地利的塞诺维兹（当时属于奥匈帝国，如今在乌克兰境内），他所处的是现代主义建筑迅猛发展成主流的时期。然而基斯勒却是作为另类的“超现实主义”建筑师在历史上留下名字。当代探索的“非线性建筑师”，如格雷格·林，范·贝克等人都撰文论及基斯勒的先驱性工作。基斯勒终生探索的“无尽宅”，被称为“当代泡状建筑的前数字时代之母”。

新客观非客观

与柳亦春的访谈

大舍建筑一系列富有代表性的建筑实践（龙美术馆西岸馆、青浦青少年活动中心、螺旋画廊、嘉定新城幼儿园等）都展现着形式、材料与项目内容的高度平衡。本书译者陈昊与大舍建筑设计事务所创始人柳亦春就“形式在建筑创作中的角色”进行了简短探讨。

柳亦春

大舍建筑设计事务所合伙人、主持建筑师。注重设计实践，并着意保持对与建筑相关的、更广泛的文化意义的敏感性和自我秉性的认知。主要作品有螺旋艺廊、雅昌上海艺术中心、龙美术馆西岸馆、西岸艺术中心、花草亭、台州美术馆、艺仓美术馆、武汉琴台美术馆等。其作品参加了诸多重要的国际性建筑和艺术展并获得多个奖项。柳亦春还受邀前往多所国内外大学和博物馆开办学术讲座，如同济大学、东南大学、中央美术学院、中国美术学院、香港大学、哈佛大学、法兰西建筑学院、法国建筑与遗产之城博物馆、哥伦比亚大学北京建筑中心、上海当代艺术博物馆等。

WAI:

形式是个超验的概念吗？如果是，它是否足以抵抗社会、政治或意识形态流变的影响？

柳：

这个问题的意义似乎在于提问本身。我想你可能是问某种形式是否足以抵抗社会、政治或意识流变的影响，答案显然是不确定的。有的形式，它能够跨越时代；有的形式，则很快被更迭。有的人笃信，建筑的原型可能就那么几种；有的人则以为，未来的建筑必须抛弃或者超越那些原型。

在创作中，您将形式看作媒介还是目标？

我想形式应该是结果。但无论作为媒介还是目标，我认为都是成立的。

您对事务所里建筑师的要求之一是具有良好的形式感。您对形式特别关注吗？或者说，您自认为是形式主义者吗？

形式当然是值得每个建筑师关注的事情，只是关注的方式值得细究。形式训练是建筑师必不可少的基本功，我们完全可以认为，建筑的细部落到实处，全是形式。我想我并不会承认我是个形式主义者，因为在不同的语境里，形式主义者各有所指。建筑师不可能逃脱形式问题，如果建筑能够跨越时代，最后发生决定性作用的，可能还是形式。

相比书中提到的建筑，您的作品，特别是近年来的作品呈现出“弱形式”，或者说是模糊的、模棱两可的形式。您认为形式存在流派上的差异吗？是什么让设计者选择了这种，而不是那种？

“弱形式”也是形式，也许换一种语境就变成了“强形式”，强弱必然是相对而言的。形式问题，如果放大到艺术的范围来看，肯定是有流派的差异的吧，那就多了去了。设计者的选择显然和他个人的经历、立场、心性有关，这是设计者主体意识的层面，而设计对象所处的背景又有来自客观因素的影响，但总体而言，对于形式的选择，还是主体意识起决定作用。

自至上主义开始，艺术无需再现现实，甚至无需参照现实，并宣称以此达到了自治（“Forms must be given life and the right to individual existence”）。与之类比，您是否同意，纯粹的出于审美关注的形式是建筑自治的最高体现？

不一定是出于审美关注，建筑作为一门随着时间不断丰富内涵的专业，其内部话语不都是审美关注，但形式在建筑自治的话语中确实占据重要位置。

您是如何看待场所的？您在创作中倾向于突出场所性，还是抽离它？

抽离或者突出，要看意图，在某个具体的项目里，你想表达什么。我想不管是突出还是抽离，场所都是重要的，它是建筑意图的重要根源。

在实践层面上，您是否会对功能限定较弱的项目更有兴趣？

不会啊！多数情况限定越强，反而越能逼出力量来。

建造纯粹形式

与查斯·波普的访谈

一直以来，纯粹几何形式作为建筑中长久存在的迷恋都与建筑师作为梦想家、乌托邦和理想主义者联系在一起。然而，脱离工程学的极致主义就只能停留在草图、绘画和三维拟像中。

每个试图拓展形式边界的建筑背后都有工程师对风险的承担。自悉尼歌剧院起奥雅纳就一直在突破建筑形式的极限，作为CCTV、TVCC（央视总部大楼）以及一系列遍布全球富有挑战性的建筑项目的工程顾问，没有什么形式是奥雅纳不能完成的。

WAI与奥雅纳北京办公室副总监查斯·波普探讨在纯粹形式设计中追求极限的机遇与挑战。

查斯·波普是奥雅纳北京办公室的副总监。他于2003年来到北京与OMA合作央视总部大楼项目，并由此在亚洲发展。他随后完成的项目包括深圳证券交易中心、台北歌剧院等。

WAI

你是什么时候来到中国的？在之前有过哪些项目经验？

波普：

我在2003年末来到中国。奥雅纳在2002年赢得了央视总部大楼的设计委托，这个阶段我没有参与，我是在中标后才加入了团队，来落实技术层面的工作。这个项目由于进度紧张，挑战很大，当然我理解在中国这是常态。我们的主要设计在伦敦完成，因为西塞尔·巴尔蒙德（Cecil Balmond）、克里斯·卡罗尔（Chris Carroll）、罗瑞·迈克高文（Rory McGowan）和库哈斯及其鹿特丹团队关系很密切，因此我们有大概9个月的时间频繁往返于鹿特丹与他们探讨设计。

所以那是在项目初期阶段？

是的，然后一部分团队就搬到北京，把设计移交给当地工程师并监督他们的工作。这就是我北京事业的开始。

我是在方案阶段加入的，所以已经推敲过设计的可行性。工程师的工作是研究支撑建筑的结构系统。但在项目最初的两个月，我们都在解决一些关于可行性的问题，并仅仅只是为让这个造型落地。

你是否遇到过比央视总部大楼更有挑战的项目？

还没有。

央视总部大楼的复杂性和难点在哪里？是进度紧张的原因还是结构本身的原因？

还是结构原因。为了让这个楼立起来，我们真的尝试了很多，并挑战着中国规范。因此我们花费巨大精力，做了事无巨细的分析计算，只为在评审会上说服中国专家。然后，又有人质疑说，你们要预留足够空间给电视台使用，不能只从结构角度考虑，所以之后我们又和建筑师反复协调，不断整合功能与结构。这些都是很大的挑战。

央视总部大楼复杂的空间是特定需求的产物，还是只是某种设计上的决定？

因为这是一座电视台，不是普通的办公楼，我们无法随心所欲地布置结构。考虑到内部需要很多大空间，我们的概念是将结构做到表皮上，也就是你在立面上看到的那些深色线条。我们尽量把它们安排在外部，但内部仍会有一些桁架或悬挑或别的什么把整个结构黏合在一起。大多数时候，我们无法在理想的位置布置结构，因为到处都是演播室、设备间、管井等。

你认为这种类型的策略和夸张的建筑形式在其他地方还可能出现吗？

央视总部大楼很大程度上是为中国2008年奥运会而建，表达出机构有愿景去做一些特殊的事情。但这个设计任务太过巨大和复杂，很难想象有国家或公司会想真的去实现它。也许它还会重现吧，也许会在南美？我也不知道。

如果试图概括央视总部大楼，你认为难点是来自于它的建筑形式吗？

当然，因为你必须布置适应形态的结构，光是让特殊的形状站起来已经是很大的挑战了。你必须预想各种可能的后果，因为特殊造型带来的新变量是常规建筑中不存在的。你必须思维缜密周全以确保结构没有风险。

是否有人质疑过央视总部大楼是无法被建造的，或者说它的形体在结构原则上是无解的？

我们在竞赛最前期就做了很多研究，尽管这个阶段只需要一个大概念并不需要解决具体问题。但随后在竞赛到方案阶段，我们已经就这个特定形体完成了全面的可行性研究。

能否介绍下你在亚洲的其他项目，比如台北歌剧院？

那是一个类似的我们在竞赛阶段就参与的项目。现在看来，和央视总部大楼一样，也是一个强烈基于形式的项目。当然它也理性回应了一般演艺中心的功能需要，在集中体量里布置了3种不同的剧场，就像悉尼歌剧院那样。台北歌剧院试图把3个后台合并起来服务3个舞台，因而形成围绕整体核心的3个剧场。

台北歌剧院的结构概念是很快就确立的。

对于形式强烈的项目，在初期确定工程概念是极其重要的，否则后期结构机电的深化就会变成填塞的过程，往往会导致形式的妥协和概念的稀释。

所以这两个项目还是有所差别的。央视总部大楼真的就是个乌托邦大雕塑，而台北歌剧院起码还是个有功能体量的形式主义建筑，因而建造上要容易得多？

是的。央视总部大楼的任务书也暗示了这会是一个立体拼图般被各个大小房间组合起来的建筑，有一张有名的爆炸轴测图表达过这点。普通办公建筑肯定是效率优先的，因而会得到简洁的外观。但央视总部大楼奇特的任务书导致它无法被简单安排，也不在意存在被浪费的空间。既满足功能又有视觉力量，就足够了。

你是否认为现在任何建筑只要是落地的，就能被建造？

理论上说确实如此，只要有足够的资金。但会有其他限制因素，例如北京需要考虑抗震规范。

你认为未来的挑战会来自哪里？据说在悉尼歌剧院方案出现时，没人知道该如何解决它的结构问题？也就是说，你们经常站在可笑的边缘，并用创造力和金钱去实现它。你认为在未来结构上的尝试是否会

持续？还是说建筑会变得克制而减少不必要的挑战？

我不这么认为。如果你身处建造悉尼歌剧院的1970年代，也无法预计现在建筑造型发展到的程度。在商业驱动下，开发者总是会希望建筑以更惹眼的姿态出现，而形式是脱颖而出的最直接方式。

在工程领域，是否有其他人和你们一样愿意挑战疯狂建筑的非常规结构？

布罗·哈普尔德（Buro Happold）脱离奥雅纳后成立的机构遵循着相似的设计哲学，并创造了许多伟大的作品。伯灵格与格罗曼（Bollinger und Grohmann）也是。

其实，厉害的结构工程师很多，但未必每个人都愿意担负复杂建筑的风险。这不单纯是技术原因，很大程度上也是明哲保身的考虑。

在计算机分析变得如此便捷的今天，你很容易就可以证明某种结构是成立的，但这不意味着这个结构对建筑是最优解。另一方面，单纯通过计算机，你还是无法完全理解结构的真实性能和反应。

在中国有很多振动台实验，这在其他地方常见吗？

我认为计算机模拟还是会比比例模型更有效。但振动台实验在追求速度的中国还是有意义的，同时也是对业主更为直观的性能展示。

我们在央视总部大楼项目中也做过一次，就在北京郊外。实验室在顶部还预留了个钩子，因为他们感觉模型会倒掉。我们经常拿这事开玩笑。

展望将来二三十年，你认为最有意义的变革会发生在哪方面？计算技术？软件？硬件？

目前看来，比较有趣的技术是3D打印。现在你已经可以用金属或不同材料打印更自由的形态。短期内三维打印运用于现实建造还有一些距离，但它或许能改变游戏规则。

结构终究受制于物理性能吗？

并不只是物理，更多的是可建造性。你可以证明某个有趣的造型不会倒掉，但是如果它太难建造，就还是无法实现的，但如果3D打印可以拓展到大尺度，这一限制似乎就能突破。

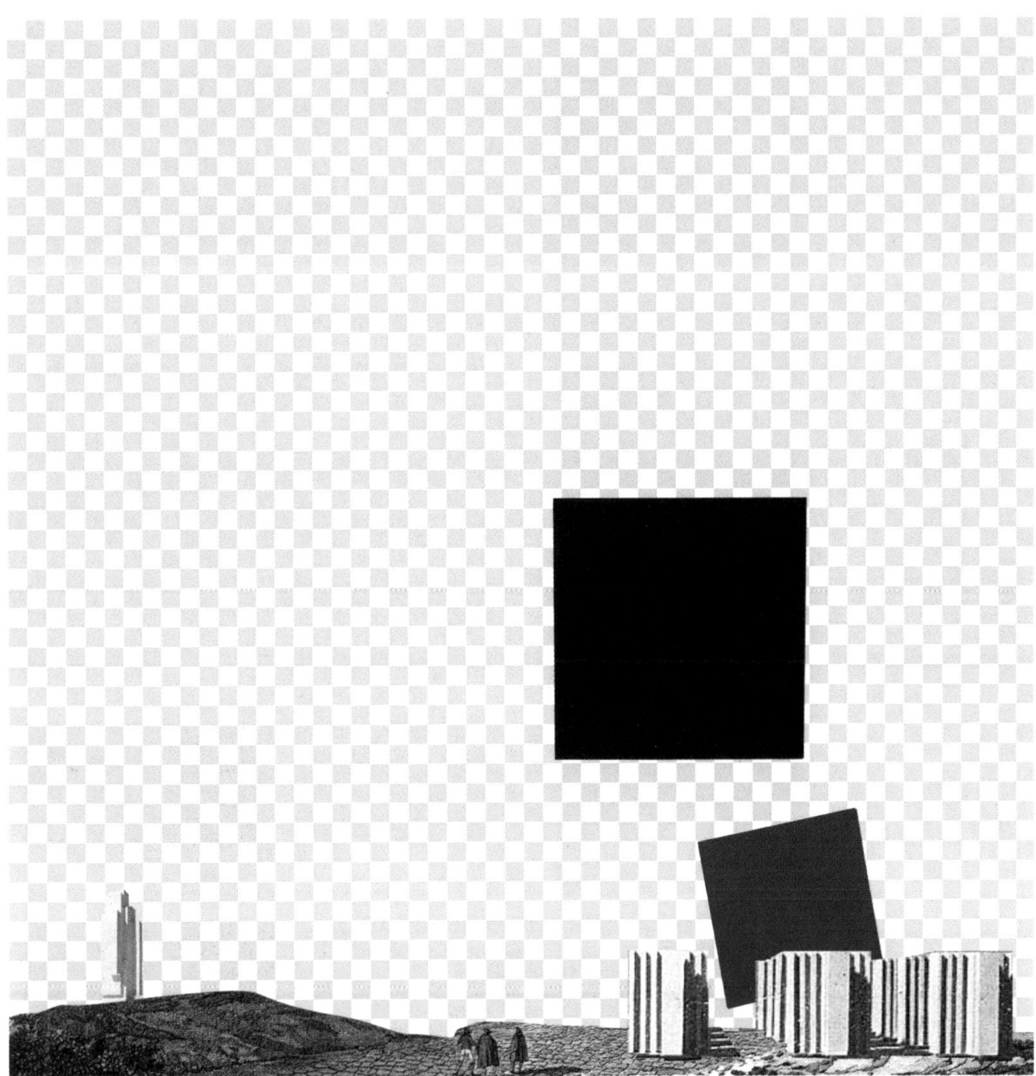

Pure Hardcore Icons: A Manifesto on Pure Form on Architecture is possible thanks to Hao Chen, Ronald Frankowski, China Architecture and Building Press, and the support of Michelle Garnaut, MONU, Horizonte, Arch+, AaronBetsky, our students at Taliesin and Taliesin West, and at the University of Nebraska–Lincoln, the Chicago Architecture Biennial, Sarah Herda, Joseph Grima, Zhang Ke/ZAO/standardarchitecture, Rem D. Koolhaas, Beijing Design Week, Paula Alvarez and Vibok Works, the Khidekel Family, Conditions, Paula Alvarez / Vibok Works, Intelligentsia Gallery, and Jackie Panda Ponyo, Chickpea, Doris, Blinky and Pasha.

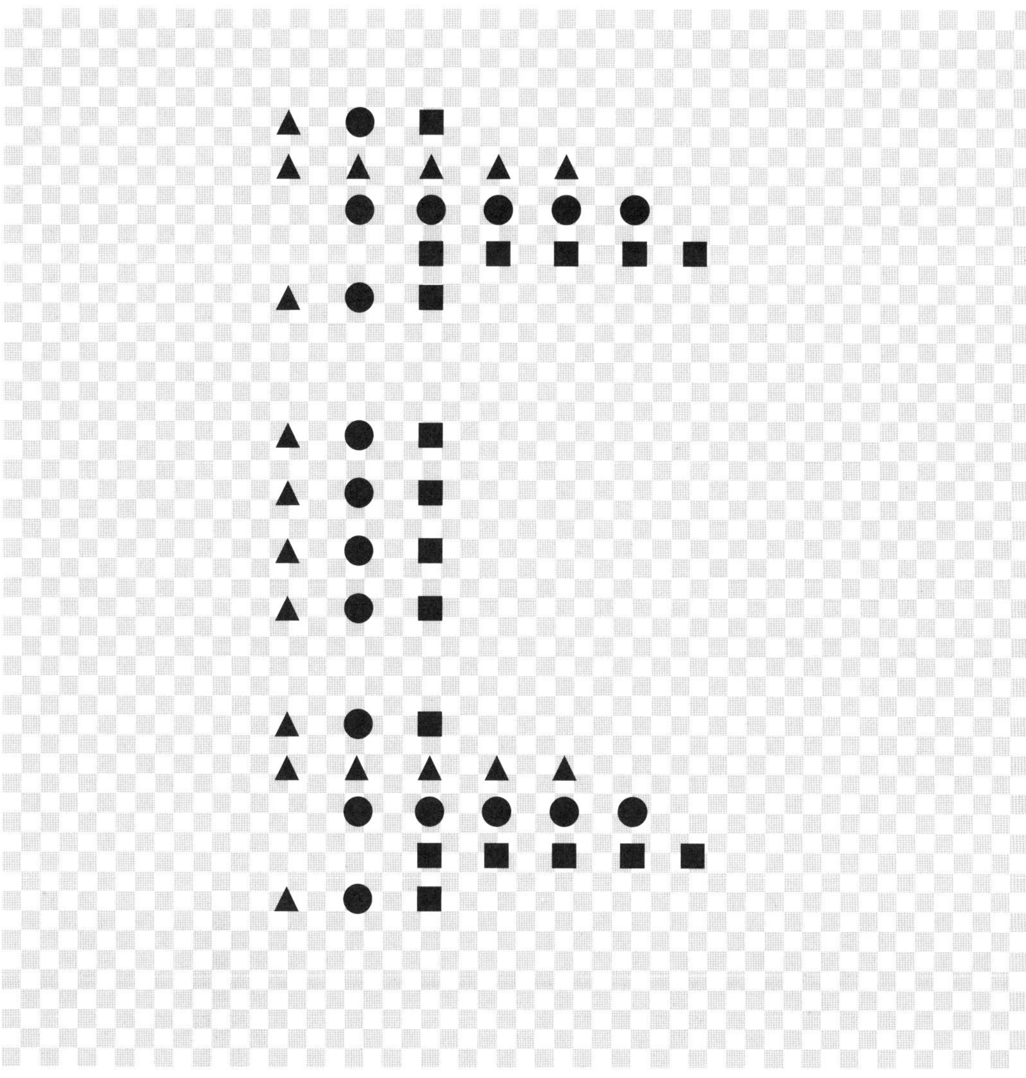